U0053773

業務推銷高手

鄒濤、鄒傑◎著

張序

推銷一詞，源自數十億年前匪夷所思的生物演化世界，已有亙古不變的推銷意圖了。盱衡全球商品推陳出新，消費益形多元；探索企業推銷詭譎複雜，競爭日趨激烈，推銷者如何創造駕馭時代脈動、趨勢、策略與優勢，進而建立與顧客之互動網絡，締造推銷成功契機。

鄒君之著，揭示推銷行爲典範成功實例的秘笈，以及提醒您如何避免暗藏的危機。如何建構終身價值與顧客建立夥伴關係並維繫互動品質，而隨著推銷理念的演進，強調企業經營利益、消費需求滿足與公眾福祉三者整合之思維，爲推銷世界的主流。

鄒君多年推銷實戰淬鍊，力倡應無所執，而生其新妙諦，尤以商學經營深邃傑出馳名，不斷提升東西方消費性格差異，避開傳統窠臼，體驗推銷新銳，出離迷之，另闢蹊徑，穿透層層障礙，瞄準消費者出奇致勝，建立一套業務推銷策略大全。

鄒君來書索序，筆者學淺事繁，筆者將其粗閱一過，組織內容，剖析周詳、事理兼攝，尤對推銷之術、創新之論，自成系統。境界非凡，饒盈價值，尤其於最新推銷理念之弘揚者，營造生生不息之推銷競技者，遠離推銷纏伏迷津而立地悟證者，從事推銷常致梗阻而欲掃除怠惑而一展永續成功契機者。

謹名作者之囑，凜於《業務推銷高手》爲現代成功推銷經典之作，自不願遺此分享良機，當樂爲序推薦。

華廣創業教育學院　主持人

張　香　博士

序於懷磊楓丹

自序

在競走決賽中，勝利是屬於腳步不停的運動員，而不一定屬於健步如飛的人，學佛精進的人，每時每分每秒皆在默念佛號於自性佛位之中，將心量的深層廣度擴大。信耶穌的人每日的靈修功課也不能中斷，如此才能與上帝同行。一個推銷業務人員也是一樣不僅要勤勉，且要有方法。不僅要有IQ智商也要具備EQ人情世故的對待處理能力，尚且要具備靈性人格BQ（Buddha Quotient）或GQ（God Quotient）才能眞正造福您的顧客，而取得您應得的成果。

推銷學已經是一門科學性的學科，從事推銷業務的人，要懂得運用科學的方法，有效率地處理工作上出現的每一項待解決的問題，本書提供您最完整的推銷法則、策略、手段、方法、技巧，使您在工作的領域上脫胎換骨、大放異彩。

本書可謂是一本銷售策略大全，凡有志提升銷售績效的業界朋友，皆可從本書中獲取無限的銷售智慧與能力、多方面的指教及鼓勵。

筆者識見有限，此次著作出版，可說是嘗試，掛漏之處知所難免，尚望對業務推銷學有興趣、有研究的先進朋友，多予賜教。

鄒濤、鄒傑

目次

推銷話術技巧策略

說話人人會說，各有巧妙不同：推銷話術技巧在推銷活動中扮演著很重要的角色。良好的推銷話術技巧能使客戶肯定及欣賞您所推銷推薦的商品或服務。可以多運用演講或面對鏡子自我口才訓練的方式來加強自己的推銷話術技巧。

推銷話術有時並非是一般日常用語，而是須使用專業、高雅、有效的語言文字來烘托商品或服務的有形、無形、理性與感性的價值，進而使客戶能信賴、讚美您所介紹的商品或服務。

說話是一門很重要的學問：販售相同的商品或服務，爲什麼有些人績效很好，有些人績效卻很差，原因很多，但是否善於運用良好的推銷話術技巧是其中的一項關鍵。

在推銷話術技巧上，有以下需要注意的重點：用詞遣字的高雅與講究；語調聲音的強弱與抑揚頓挫的節奏感；話題的選擇與取捨；人品外觀的良好表現；肢體語言的有效配合；表情、態度、修養的印象；商品專業知識表達的專業性與完整性；常使用舉例、舉證以強化公信力；以肯定的、正面的方式來表述；多讚美客戶及與其有關的一切人、事、物；不與客戶爭辯，在爭辯之中是得不到智慧、友好氣氛及訂單的：多次強調客戶所最關心的重點之利益、好處，使其感受強烈，印象深刻；可配合反面強調之方式，暗示、舉例若不購買，其後果之損失將是負面的、重大的：使用完整句、標準句，有文學氣息的話語及專業術語，使客戶能獲得充分的資訊及對您專業形象、專業涵養及專業能力之認同，如使用「販售商品」的字眼取代「賣東西」的字眼：勿用贅字、廢字、俗字、粗字：以具有同理心之顧問、助理或朋友的態度來重視客戶，在對客戶很有禮貌之自然友好氣氛下平等互惠，以雙贏（win-win）爲目標地輕鬆商談：以客戶有興趣、會放鬆心情、高興的話題爲主題：須事前預先設計標準話術範例並予以充分準備、模擬演練；對敬語、形容語、詢問句、肯定句、否定句、假設語句、強調語句、條件句、認同句……之充分搭配使用；引用名人、偉人、權威人士的話語來強化您的話術；有效傾聽，做個好聽眾有時比做個好的言語者更重要，勿打斷他人話語之進行；商談過程中，對客戶的異議、寶貴意見，若無法當場回答，要認眞地當場記錄起來，並儘速回覆之；重視客戶情緒意識的變化，不要有太多不必要、無意義或易引起誤會、不好印象的小動作；適時、適當地贈送禮物、紀念品或有益的資訊情報、建議；以錄音機來訓練、調整自己的話術技巧，直到有專業職業水準爲止；有情感的話語才能做到有效的溝通及彼此人際關係的和諧；推銷是一種傳播行爲，溝通的過程是互動的、雙向的，勿一開始見面即切入商品之販售，先寒暄、熱絡一下，在彼此不很陌生之情況下再切入商品，沒有情感是不能成爲超級推銷員的；可自行編一套順口溜、打油詩或編成歌曲，配合一些廣告動作以唱給客戶聽或演給客戶看，有創意、創新才能使人印象特殊而深刻，也才能眞正打動激發客戶的購買情緒；善用「而且」、「然後」之接續語來表達未來美好的遠景情境視野；使用之話術表達意思雖相同，但方式、內容、方法，及使用不同的文字、語言，其思考模式將也會不同，其效果也會不同，愛因斯坦曾說過：「成功的公式爲S＝X＋Y＋Z，S爲成功，X爲工作，Y爲休息，Z則爲不要亂講話，不得體的話要謹慎勿言。」；有效的臨機應變，化缺點爲優點，如老師對兩個同樣在打盹的學生，其說法不同，對甲說：「你看你多懶，拿到書本就睡覺。」，對乙說：「你看小張多用功，睡著了，手上還拿著書。」；使用逆向反面的表達方式取代一般直述陳述之表達方式，如「若使用此項商品或服務後，效果太好，則不另行加價……。」、「本公司所生產的食品，美味可口，保證吃了還想再吃，若想減肥的人，請勿多買。」

以下舉一個五星級會員制聯誼會在介紹各單項商品或服務方面的推銷話術技巧例句：

1.在會員接待方面

「完美的諮詢、專業的服務，就從這親切的笑容及問候中開始。」

2.在咖啡廳方面

「優雅怡靜的午後心情、和諧溫馨的舒適感受、輕柔的音樂、甘醇的茶香、濃郁的咖啡、可口的點心，是下午茶的絕配。」

3.在書香坊方面

「安靜、優雅及舒適的閱讀環境，培養社區讀書風氣，心性與知性的提升，豐富您生活內涵。」

4.在運動設施方面

(1)室內溫水游泳池

「透明天窗、自然採光、瀑布景觀、無味消毒、衛生安全、全年可用。」

(2)健身房

「電腦設備、國手教練、專業指導，享受揮汗的舒暢。」

(3)男女三溫暖

「芳香蒸氣浴、超音波按摩池、美容烤箱、瘦身美容皆怡然自得。」

(4)有氧舞蹈室

「知名專業教練，美姿美身以滿足會員對健康的追求。」

(5)迴力球與籃球

「汗水及歡笑在球局中不停的揚抑揮灑，友誼與體能卻默默的滋長，中國未來的喬丹正在蘊育中。」

(6)撞球區

「白球及各色圓球不停的轉動，以國際水準優雅的姿態提桿、進球、入洞，無論是好友或是父子皆是君子之爭，亦提供青少年正當的休閒活動。」

5.在社交設施方面

(1)多功能視聽中心、KTV娛樂設施

「可作爲會員活動聯誼、音樂表演、電影欣賞及演講發表、卡拉OK之用。並可舉行會議、研討會之商用功能。」

(2)江南小吃

「提供江浙佳餚、大宴小酌、悉聽尊便，透明採光的挑高設計，典雅舒適的的裝璜及訓練有素的專業服務，讓您擁有會員獨享的尊貴，景觀表演台並可穿插歌唱表演，還可眺望池水戲水，令人心曠神怡。」

6.親子服務方面

(1)安親班

「為小學的主人翁分高年級、中年級、低年級的課業輔導，使他們在起跑點就打好堅實的基礎。」

(2)才藝教室

「音樂、圖書、書法、泥雕都是孩子們可以任意揮灑的空間。」

(3)電腦視聽教室

「國際網路的形成，已是不可避免的趨勢，利用這最現代的工具來教育我們的下一代。」

(4)親子運動區

「完全的兒童遊戲設施，色彩鮮艷造形新穎，兼具益智及體能訓練的設計功能。」

(5)兒寶樂園

「提供幼兒學習爬、走、跑、跳、碰的各式安全設施及指導，使幼兒得以充分體會統合能力的重要性。」

(6)溜冰場

「溜冰已是目前青少年最爲瘋狂的運動及活動，提供各種溜冰的安全場所及技巧教學，可使孩子快樂及健康。」

7.在夏令營活動方面

(1)夏威夷之旅

水底探險、水中韻律操、游泳比賽

(2)奧林匹克運動會

體能運動、籃球、戶外慢跑

(3)梵谷畫室

砂畫、黏土、T恤彩繪

(4)會員電影院

提供教育性、知識性之影片

(5)歡樂時光

各種兒童遊戲、說故事比賽

(6)EQ時間

靜坐以沉澱孩子的心，提升學習能力

常用恭敬語策略

初次見面或其他信息（電話、信件、傳眞）的來往溝通上，第一印象的行禮如儀是被接受的第一關。

人是善於行禮的動物，若表現於外的是有教養、有內涵，則易使對方較快亦較易地接受您及您所推銷推薦的商品或服務。

在常用恭敬語方面有以下須注意的重點：推銷的過程是使客戶與商品及推銷員本身形成一種心理及生理上之理性、感性、情緒、認知上的聯繫與溝通的過程，故要常使用恭敬語以建立自己的禮儀形象，以完成良性互動的人際應對進退的關係。而非一味地以低姿態、恭維求好，而是要以不卑不亢、與人爲善、爲友及有尊嚴的態度對待之。先建立友好禮貌的情緒氣氛再訴諸商品的介紹，好東西要與好朋友分享：要以有信心的態度常使用正面肯定的話語來讚美您的客戶，大聲告訴他，此商品、服務會給他帶來很多好運及樂趣；以貴賓、商業禮儀對待每一位客戶及其有關的一切人、事、物。

敬語有三大類：一、尊敬語：如「敬請闔府蒞臨」；二、恭敬語：如「謝謝您給我寶貴時間，撥冗賜見，眞是萬分榮幸、感謝」；三、謙讓語：如「今天特來拜見。」在稱呼上也要常使用敬語。如「您」、「尊夫人」、「令公子」、「貴公司」……。

一請二謝三代勞四熱忱五祝福是使用敬語的具體表現；主動是敬業的表現，受評是進步的機會，服務是關懷的表達；注重坐的姿態、站的儀態、走的姿勢及整體穿著配飾的美姿，引導帶路時，位置要在客戶的前方並輔以手勢表達前行的方向，雙手奉物、座位安排、起立答詢、奉茶握手、相遇問好、距離合宜、交換名片……皆要重視恭敬的表達。好的態度、儀態也是恭敬的表現及延伸；微笑是表達恭敬的一項強有力的管理手段，是一種世界共通的語言。適時微笑，笑口常開會給自己及客戶帶來好運。微笑可使人心情舒暢、放鬆壓力，使情緒和緩易建立友好氣氛。當人心情愉快時，一切也較好談；對客戶有關的弱點、缺點要採取三不主義，即不看、不聽、不批評：對競爭者也要不誹謗，對自己也不過度吹噓，唯有讚美他人才能表現自己的高貴：重視小細節，恭敬語說越多次越好：第一印象常會形成刻板印象，若在初次見面時，恭敬語有充分使用表達，則第一印象必是正面的。第一印象若是正面深刻的則易有好結果（first in → first out）。第一印象若不好則易有壞結果，不要使用易使客戶不愉快的話術或肢體動作語言，要善於控制自己及客戶的情緒。反駁、辯論、語氣強硬、不成熟……皆會使彼此感情背道而馳：不要忘了向介紹人或再推薦的客戶予以道謝、回禮；尊重客戶的隱私權，不要有意、刻意或無意地注視客戶的私人用品、皮包……；不要因為和客戶已熟識而過分表示熱情、不穩重或放鬆自己，不重視小細節；人的心中皆渴望受到重視，主動為客戶著想，無論客戶背景如何，皆一律予以尊重、重視：勿給客戶太多壓力，有壓力就有反彈力；真心誠意的恭敬語才有情感，有情感才有力量，沒有情感是不會成為一流的頂尖推銷員的；姓名是個人自我的延伸，牢記客戶姓名，並予以稱讚其姓名的特殊特點……。

注重自己心態的轉變，常用恭敬語，心態變，態度就會變。態度變，行動就變。行動變，行為就變。行為變，習慣就變。習慣變，性格就變。性格變，命運就變。命運變，人生就變。常用恭敬語可以使自己及客戶的人生往正面的方向變動。

銷售架構流程六階段策略

推銷工作的架構流程有六個主要階段：第一階段即先尋找目標客戶層何在，在市場區隔時，如何定位，以何種目標客戶層爲主要的方向，其數量是否夠充足……；第二階段爲引起目標客戶層中的潛在客戶之注意，再予以有效接近……；第三階段爲引起目標客戶層中之潛在客戶的興趣，再予以促銷、說明……；第四階段爲引起刺激目標客戶層中之潛在客戶的購買需求，再予以解決異議、解決問題……；第五階段爲促使這些潛在客戶能採取行動，選擇商品予以成交……；第六階段爲滿足這些潛在客戶之需求，予以滿意的成交，並使成爲忠誠度很高的客戶，會繼續購買使用、散播好口碑及再推薦其認識的人前來購買……。

善於預先規劃銷售架構流程將有助於銷售之順利進行及完成交易；推銷過程中不只推銷商品或服務，更是在推銷自己，以下茲介紹此六階段的詳細銷售架構流程及其內容：

銷售架構流程六階段：

1.尋找目標客戶層（prospecting）：分析5W／2H及市場區隔——市場調查。

2.引起注意：予以接近（attention／approach）：分析購買動機——打破心牆。

3.引起興趣：促銷說明（interest／promotion）：導入商品利益——拉近距離：熱絡氣氛。

4.引起購買需求：解決異議（desire／solve）：以Q／A理性感性予以滿足——小組討論。

5.採取行動：選擇商品（action／choice）：以四詢問句，二擇一法予以促成——財務邏輯，付款條件。

6.滿足需求：滿意成交（satisfaction／good deal）：使其滿意滿足，安心放心——售後服務。

詳細內容說明分別如下：

1.尋找目標客戶層（prospecting）

準客戶（prospect）如何尋找？首先須做市場區隔。瞭解及確認目標客戶層何在！其主要目標客戶層及次要目標客戶層爲何！將目標客戶層予以分級分類，以不同等級之條件予以滿足其不同之需求，以便能有效率地、有方向地予以尋找開發。

我們可依其英文字母之不同字首內容予以尋找開發：

⑴準客戶（prospect）

P（provide）：「提供」客戶名單、名冊。

R（record）：「記錄」每日工作訪談的細節內容。

O（organize）：「組織」客戶資料予以分級分類。

S（select）：「選擇」拜訪之優先順序。

P（plan）：「計畫」拜訪之方式與內容。

E（exercise）：「運用」有效的方法與技巧。

C（collect）：「蒐集」各種有關資訊以利順利進行。

T（train）：「訓練」自己有開發說服準客戶的能力。

⑵尋找準客戶（prospecting）

P（personal）：依「個人」的經驗能力去尋找研判準客戶。

R（record）：依「紀錄」之有關資料去尋找。

O（occupation）：依「職業」關係去尋找。

S（spouse）：依「配偶」之關係去尋找。

P（public）：依「公開」展示、說明的關係去尋找。

E（exchain）：依「連鎖」的方式、關係去尋找。

C（call）：依「電話」的方式、內容去尋找。

T（through）：依「透過」第三者介紹推薦的方式去尋找。

I（influence）：依「影響」周遭的朋友去尋找。

N（name）：依「名錄」中去尋找。

G（group）：依「團體」的外圍組織之關係去尋找。

目標客戶層有特定對象及非特定對象二大類：可以用小眾行銷（mess marketing）之方式予以接近特定對象；可以用大眾行銷（mass marketing）之方式予以接近非特定對象。

在特定對象方面可以訴求血緣、人緣及地緣的關係從已認識的人們中，掃街、掃大樓之陌生拜訪中，他人介紹、推薦中名錄名單資料之蒐集中（電話簿是一本很有用的名錄、名單資料），採用策略聯盟、網狀事業體、傳銷布網、兼職助銷……之中予以尋找開發：在任職中認識的，學校關係中認識的，社團關係中認識的，交際關係中認識的，汽車關係中認識的，買賣關係中認識的，住宅關係中認識的，他人介紹認識的及其他關係所認識之男性、女性、長輩、平輩、晚輩皆可予以尋找開發。

在非特定對象方面可以訴求發傳單、廣告之拉銷（pull marketing）中予以尋找開發。

從事推銷工作要有大量的事前工作準備，不要疏忽了事前準備的重要性，準備不充分而去開發將易使行爲受挫及效率不易提高；尋找目標客戶層爲推銷作業的前置準備階段，準備愈充分則成功機率越大。在此階段可以用以下幾個主要的問題點予以研究分析、規劃準備、妥爲因應：客戶的需求（need）、需要（want）及慾望（desire）爲何？商品服務的特性、優點可否滿足上述之要求？何種動機、刺激之滿足有助於客戶之採取購買行動？客戶的人格、偏好、嗜好及特別的興趣爲何？客戶對何項條件會有排斥、有異議及如何予以滿足？……。

2.引起注意：予以接近（attention／approach）

可以針對客戶的動機特性、屬性來引起其注意，再予以接近。

客戶的動機慾望：想具有重要性、想受人尊崇、想擁有美好的生存與健康、想對異性有吸引力、想保護愛惜所愛的人、想得到經濟上的利益、想得到賺錢的機會……。

所有事物的開始最爲重要，可以預先擬一份一分鐘或五分鐘的自我介紹之開場白講稿，將客戶可能想有的動機予以全面地正面性、反面性的予以涵蓋，再視實際情況予以臨機應變。

馬克吐溫曾說過：「能吸引注意的人、事、物都不會被忽視。」賣口香糖的殘疾人士以吹口琴的方式引人注目；販售可樂的販賣車以可樂造型的車子來引人注目；參展的廠商以異國風味阿拉伯式造型來引人注目……。

引起注意予以接近有以下須注意的重點：以有創意的、特殊的、具幽默感的開場白、話題來引起客戶的注意，也可就地取材、靈活運用地恭維客戶，「您今天穿的服飾很高雅漂亮，非常適合您如此高雅的女性。」、「您如此忙碌，眞是年輕有爲（或老當益壯）應多向您學習。」、「您在地方上是人人稱讚的企業家，奉獻公益、服務人群，令人敬佩。」……。除了恭維讚賞客戶之外，一般可採用其有興趣之話題如運動項目、旅行見聞、新聞話題、政經情勢、社會現象、流行風尚、健康、娛樂……之話題可茲運用；打破心牆（break the pact），先寒暄瞭解其背景資料，拉近心理上的距離，培養好的商談氣氛；熱絡（warm up）一下、彼此先互相認識一番，有主題可以聊，有話題可以說，彼此互相信任，再切入商品主題；以表示好奇具神祕性的方式看待與其有關的人、事、物。「您有使用化妝品的習慣嗎？您知道有什麼方法可以使女人更漂亮嗎？」、「我最近發現一個賺錢的機會，很特別……請您給我一些建議分析好嗎？」，並可運用表演才能，增加臨場感來引起好奇打開話題；引起注意予以接近的時間須在其不忙碌時；可先請客戶約略猜猜費用爲何，以塑造神祕氣氛，吊其胃口；可以用伯父、伯母、XX媽媽之稱號稱呼年長的客戶，以拉近距離，取得親切感；可以以詢問的方式吸引注意予以接近。「今年　貴公司面對不景氣，不知有無影響？」，以提供客戶有益之建議、構想、資訊來接近；以提示客戶有關的重點利益何在來接近。「下個星期，價格就要調漲了。」、「採購人員買對了商品，是會被記功、加薪、升職的。」，經由他人之介紹，擁有介紹信、推薦函、電話告知或由他人直接陪同前往之方式予以接近；以市場調查之方式予以接近；以某種特定之關係予以接近。「曾聽過您的演講。」、「曾看過您寫的書。」、「曾在某宴會中見過面。」、「與誰認識，是親戚、朋友、同學……之關係。」，建立第一印象只有一次機會，以不給客戶壓力，訴求視覺、聽覺、感覺爲先，理性、感性、感情、氣氛、情緒爲重的方式予以接近；以不斷寄推銷信函、發送傳單（direct mail／D.M.），打電話或傳真之方式吸引注意，予以接近……。

3.引起興趣，促銷說明（interest／promotion）

於拉近距離，熱絡一番互相瞭解對方之後，再切入商品主題。可以針對不同客戶之性格，不同之需求，不同之興趣……予以引起其對商品或服務的興趣、動機、需求、需要、忠誠度……再予以促銷說明。可送給客戶一張精緻的小卡片：「當收到此表示祝福的卡片時，將是您好運的開始」、「持此一卡片可換取……。」來引起客戶的興趣。

一般而言客戶所最關心的商品、服務內容條件為其外觀性、舒適性、經濟性、方便性、價值性、耐久性、效益性、安全性……。滿足客戶想擁有比他人更好、更優惠、更便宜、不落伍、追求時尚流行、更具優越、能獲得他人之重視尊崇……之想法來引起其興趣，再予以有效完整的促銷說明。

亦可以使用詢問句的方式，瞭解客戶最在意的是哪些方面再予以重點強調。「您對省錢節流的方式一定很有興趣吧？」、「您認為此種外觀造型，很適合您吧？」……。

4.引起購買需求：解決異議（desire／solve）

探知客戶最重要的需求面、需求點為何！以獨特的賣點、重點予以切入。善加發問引導，以理性、感性、氣氛、情緒、價格、價值相互搭配組合以激起客戶有必要購買之潛在心理需要、需求。強調價值的重要性，價值大於價格，著重事實（fact）的機會點，利益（benefit）的切入點及遠景（view）的滿足點來引起購買需求。

可以針對客戶過去的、目前的及將來的經驗認知，以其最關心的話題導入商品主題。針對過去的經驗認知：「您以前有聽過、有用過此種類似商品嗎？感受如何呢？」；針對目前的經驗認知：「試用一下、參觀一下好嗎？我把此商品服務的特點、特性向您做個解說好嗎？」；針對未來之經驗認知：「您若使用此商品服務後，將會改頭換面、脫胎換骨……。」、「很多人使用此商品服務後，都……。」

引起購買需求，解決異議要注意：不要把行動慢的人看錯為慎重的人；不懂的人看錯為含蓄的人；沒有立場的人看錯為隨和的人。

5.採取行動；選擇商品（action／choice）

如何在最後關頭、決勝邊緣促使客戶採取購買行動選擇商品，以促成成交。可以以客戶朋友、顧問或助理之立場幫其做規劃，以站在客戶的立場幫其考量並輔以連續多個詢問句或二擇一方式以推斷承諾之方法獲得客戶自主性的認同。只要客戶一表示肯定、認同，則可再次強調先前所訴求之重點：省錢節流的方式、相對賺錢的功能、不購買之可能損失分析預估、名人選用、口碑、權威人士所舉證的例子及感謝函、新聞報導、政府文件、比較示範、未來情境的塑造……。不斷地以理性、感性、證據、數字、公信力……來合理化、邏輯化，以支持您的說法，從商品之價格價值上可獲得之滿意、滿足、安心、放心何在？不斷地嘗試以明示要求立即購買，或暗示主動拿筆或借筆幫客戶填寫購買單並請其簽名的方法來幫客戶選擇商品促成成交。

以下茲列表說明理性事實（fact）、感性利益（benefit），及未來遠景（view）之訴求重點：

(1)理性事實訴求重點爲：品質、性能、功用、價格、服務、效益、贈品……。

(2)感性利益訴求重點爲：榮譽、驕傲、自尊……。

(3)未來遠景情境訴求重點爲：成就感、優越感、快樂、美好、輕鬆……。

6.滿足需求：滿意成交（satisfaction／good deal）

唯有商品（product）功用品質良好，價格（price）使客戶付擔得起頭期款，且分期付款付得輕鬆，有促銷、拉銷（promotion／pull）的支持，通路（place）方便，客戶印象感受良好、服務人員推銷服務素質高、公司形象（public image）正派、知名度高、設備（physical facilities）高雅，及流程（process）設計皆滿意輕鬆愉快，則易滿足客戶的重點或全部的需求而滿意成交。

在技巧方法上有以下之重點可供參考：在最後關鍵之時候，可立即以贈送小禮物、紀念品、請客戶喝飲料、吃飯，僅先收取訂金之方式予以促成成交；以誇讚客戶有眼光，懂得把握難得的機會，會購買商品來稱許他以促成成交。以客戶朋友、顧問或助理的立場身分幫客戶以最低的合理價格，獲得最大的價值，建議其適合的購買方式內容……以促成成交。於成交時立即與客戶握手並感謝他、恭賀他、稱讚他……。並不要忘了請其再推薦，以確保戰果。

創意開場白策略

好的開始是成功的一半。

開場白（open talking）要有創意，要預先準備充分，要有好的劇本，才會有完美的表現，可以談談客戶有興趣，其所關心的話題，配合其嗜好，投其所好，欣賞別人就是恭敬自己，客戶才會喜歡您，「心美」看什麼都順眼，客戶才會接納您。

客戶所需要的是有創意，有創新才能突破現狀、突破僵局，也才具有說服力，而非平庸的語言及想法。

開場白，最初的幾句話，其影響深遠，是建立先入爲主的第一印象、刻板印象及主觀印象的關鍵時機。要有好的開場白才能給客戶正面的深刻的印象。要用心於開場白的設計，最初幾句話的時間也是客戶願意繼續聽下去的最重要關鍵時刻。

如何有技巧、有禮貌地進行創意開場白及攀談呢？須針對不同客戶的實際情況、身分、人格特質及條件予以靈活運用，相互搭配組合，千變萬化，存乎一心。

在創意開場白的技巧上，有以下須注意的重點：事先準備好相關的題材及幽默有趣的話題；注意避免一些敏感性易起爭辯的話題，爲人處世要小心，但不要小心眼，如宗教信仰的不同、政治立場看法的差異、有欠風度的話、他人的隱私、有損自己品德人格的話、誇大吹牛的話，在面對女性客戶時尤需注意得體禮貌；得理要饒人，理直要氣和，凡值得稱讚的，一定要多稱讚客戶及其有關的一切人、事、物；可以以詢問的方式開始。「您知道目前最熱門、最新型的暢銷商品爲何嗎？」；以肯定客戶的地位及對社會的貢獻爲開始；以格言、諺言或有名的廣告詞爲開始。"trust me, you can make it"；以謙和請教的方式開始，把心量放大福就大，原諒他人，就爲自己多造福一次，生氣是拿他人的錯誤來懲罰自己；以應景應節之方式開始，可針對客戶的擺設、習慣、嗜好、興趣、所關心的事項爲開始；以開源節流爲話題，告訴客戶若購買本項產品將可節省XX%的成本，可賺取XX%的高利潤並告訴他「我是專程來告訴您如何賺錢及節省成本的方法的。」；可以用與XX單位合辦市場調查的方式爲開始；可以用他人介紹而前來拜訪之方式爲開始；可以舉名人、有影響力的人之實際購買之例子及使用後效用很好的例子爲開始；以運用贈品、小禮物、紀念品、招待券……之方式爲開始：以提供試用、試吃爲開始；以動之以情、誘之以利、威之以害的生動演出之方式爲開始；以提供新構想、新商品知識之方式爲開始；以具震撼力的話術，吸引客戶有興趣繼續聽下去「這部機器一年內可讓您多賺X百萬元。」爲開始……。

創意開場白不僅可適用於陌生客戶，即使是已認識的人，不管是在任職關係中認識的人、學校、社團、生活、住宅、汽車、支出、孩子、宗教、社交特殊嗜好，或其他關係所認識的人，皆可自然地使用創意開場白，吸引其注意及好感。

太陽光大，父母恩大，君子量大，小人氣大；在創意開場白的內容中可以告訴他，如何才能雄心大志，值得驕傲，前途似錦，健康活力，家庭和樂，吸引他人注目，全面成功，廣受歡迎，容光煥發、神采飛揚及成爲一個有品味的人士、社會的精英。

打破心牆策略

與人高談投機要有誠意、創意與熱忱的意識行爲，不要一見面，就直接切入商品行爲。可先互相寒暄一下，紓解客戶的心理壓力及感受，有適當之氣氛情緒之後再切入商品主題。先把客戶隱藏在內心的磚頭（pact）拿掉，他才會安心地與您商談。若是太商業化的印象及商談，則彼此之溝通關係只建立在純物質的商品上將不利於推銷之進行與完成。

在打破心牆（break the pact）的說話方式上，要注意勿以激烈的語氣說話；勿假意討好；勿自吹自擂只顧自己的表現而忽視雙向的溝通及客戶的心理意識反應；勿冗長地談話；勿打斷話題；勿挖苦客戶；勿立即反駁客戶的意見……等會令人討厭的方式。而是要注意人性心理的反應，客戶能接受的態度及情況……。

可以提出對其有利益關係的詢問句以激起其興趣與好奇，用很輕鬆尊崇的方式來塑造情境。

以下茲舉一例說明：

趙先生和趙太太①我先問你們一個問題，你們知不知道今天為什麼會來這裡？到目前為止你們知道約有多少？請容許我跟你們解釋在接下來的一個小時左右將要做些什麼。②首先讓我說明你們今天在這裡沒有任何義務或責任。這只是我們③推廣全球最流行的一種度假方式，④禮物只是為了回饋您寶貴的時間，今天我們要談的就是度假。⑤我們的方法會讓你們在將來的旅遊玩得很高興，而且省很多錢。⑥你們喜歡省錢嗎？太好了，⑦這樣你們大概會蠻喜歡我將要介紹給你們的方法，⑧如果你們覺得這方法不適合你們，就說不適合，也沒有關係，換句話說⑨如果你們眞的喜歡的話，我會告訴你們怎樣有資格成為我們的會員，⑩我只希望你們幫我一個忙，把心情放輕鬆，可以嗎？⑪謝謝你們；⑫握手。

①先提出詢問句，知不知道今天之光臨有何目的。

②表達其光臨是無任何義務與責任；使其心情放鬆。

③略為指出今天的主題。

④禮物的回饋是因為客戶寶貴的時間參與。

⑤商品可為客戶帶來的主要利益為何？

⑥反問喜歡此種利益之功效嗎？
⑦先行假設客戶肯定此項商品之利益及功效。
⑧再次強調其光臨是無任何責任、義務。
⑨若其有興趣才會告知價格之細節內容。
⑩希望其以輕鬆愉快的心情來參加，不要給自己太多壓力。
⑪禮貌地謝謝他們的合作，放鬆心情。
⑫與之握手，確保其能眞正合作。

在打破心牆建立良好溝通說服之氣氛情緒上，要重視寒暄熱絡的方法及心態。商談是始於心靈接觸，終於心靈的溝通與瞭解。唯有客戶內心受到打動，才易成交。

推銷商談或談判並非單向的一味只談自己方面的事物，在推銷過程中不要只設定自己是推銷員在販售有實體的商品，更不要讓客戶只認定您只是推銷員，只是在販賣一項物質的商品給他，如此客戶心中會有防線，會有先入爲主的壓力，認爲您只是來賺他的錢，而非來告訴他如何獲取利益、好處的方法。

第一次拜訪甚至可以不談商品買賣，先攀談認識一番，並告知一些有關的新資訊、新發展、使客戶感受一些小小的人情，但其中過程須很誠懇，心態要正確，才可以拉近彼此心理上的距離。

一開始要先培養正面有交情的氣氛，推銷的氣息味道不宜太濃厚，先把自己推銷出去，再配合整體行銷之包裝及促銷重點的強調才易使客戶有正面深刻的好印象及產生購買之情緒及氣氛。

推銷工作的順利與否其前提要先有創意、有人情，在打破心牆方面，可使用小禮物、紀念品配合您的演出、展現、展示及表演；在打破心牆之同時也要格外重視客戶之反應，對其所表達之事項也要認眞地記錄或主動向他詢問，瞭解其內心眞正的想法、觀念，並不時讚美，注意傾聽，不打斷其意見看法的表達，以其有興趣、有嗜好、專長之話題爲主，展開彼此的交情溝通之良好互動。

熱絡氣氛策略

彼此互相認識並打破心牆，客戶初步接受您，則須更與其熟悉，增進互相瞭解與友好、消弭客戶警戒心、陌生感更融洽地先接受您先馳得點，再次密集安打配合特殊切入之全壘打、取分。

禮貌讚美與其所有有關之大事物，尋找共同話題相關事項增加親切感，不僅爲好講者，同時也要成爲好聽眾。

可以以其好奇本性以新事物爲切入、訴求點。

可以以其擔心之事物喚起其關心。

重視如何使其快樂、擁有自尊及受重視。

配合小禮物、飲料、點心、飯局之應用，及傳遞其有利之資訊消息。等先建立情緒上之高度認同接受後才切入商品主題。

業務人員不只是解說人員，在推銷的過程中不應只是解說內容的過程，尚要重視如何與客戶打成一片，交成朋友，再完成交易。一味地催促客戶購買，而不先培養購買氣氛及情境環境，有如路邊攤之叫賣方式，沒有與客戶進一步的溝通，表現出自己的誠意、創意與熱忱則談不上推銷或遑論「領導客戶」了。

有時運用喝茶、飲酒吃飯的方式，熱絡（warm up）彼此情緒及情感，製造愉快氣氛也是交情熱絡的方式之一。打球推銷法亦是很好的方式。打開客戶不安、不快、沒感受到重要性的心扉，善解人意不在不適當的時間（time）與之商談，注重自我配合人緣人際溝通關係搭配力量，掌握客戶的心理，推銷才易見效。

過度的沈默是廢鐵，套交情才能使客戶接受你並記得住你。先友後銷、邊銷邊友，推銷要講究人性、心理、科學方法與藝術手法，如此才能成為一個有魄力的推銷人員，推銷的過程是交朋友的過程，而非只是販售實體商品獲取價錢交納了事的過程，是一個向其建議規劃對其有益的過程，故不可對客戶有壓迫感，有壓迫即有反彈，瞭解探知客戶心理，先拉近彼此心理、距離及認知的距離。

若一天可認識一、二位朋友，即是一流的推銷作法，故讓客戶感覺你一上門就是來推銷商品，賺取其金錢的感覺、感受立即會使其購買情緒及氣氛不協調而妨害購買的動作；先給對方好感與對方津津樂道地談，使氣氛和諧，使彼此喜歡、尊重、信任、再談商品才易成功，也還不遲。

既然有推銷術、推銷學，就表示推銷其中有很多的技巧方法、手段及規則可循，先使自己成爲一個人格成熟的見多視廣健談高手吧！

共同話題策略

「你也一定如此認爲」，在溝通商談氣氛上取得共識、共通點，則有助於彼此情緒、情感的建立，更進一步助於購買之完成，與客戶要有共同可談的話題、課題來做開頭，在食衣住行育樂、生活瑣事以到國際大事皆可爲共同話題，以「商品的課題少些」，共通的話題多些」，先起點、培養商談的氣氛。平常對一般常識的涉獵知識的瞭解，學識的提升皆要自我要求充實。

可成爲共同話題約有：有關家庭（family）之事項；有關偏好（motivation）之事項；及報紙頭版要聞、新生活資訊、新商品、新事物、新廣告、新影視、新書、某文章之論點、鄉情、文化活動、一般生活民情習俗、兩岸港澳情事、旅遊、國際新聞、政治新聞、社會新聞、影視新視、綜藝焦點、體育職棒、職籃、高爾夫球、財經、理財、產業消息、股市、房市、匯市、小孩教育、流行風尚、一般時事、服飾、健康……。

推銷人員的話題必須十分廣泛，必須養成閱讀書報雜誌的習慣，雜學、雜談對推銷上是有助益的。

此外在注意到客戶家庭中或公司中有任何可用的題材也要懂得靈活地加以活用；如進門看到有高爾夫球具則與其談論有關高爾夫球運動的事，看到有美麗的圖畫或釣竿則以其爲話題加以展開；另外，看到名片姓名後可對其姓名加以讚美，聽到話腔，可猜其出生地，談論家鄉事，看到小孩可談小孩教育……。共同話題，聊天的藝術，推銷過程中「腦筋急轉彎」、「頭腦體操」需要自我的訓練及提升養成。

電話行銷策略

要善於掌握tele-marketing的技巧。在無法傳送表情、動作、面貌之情況下，要如何取得信賴感、認同及好感，有以下之注意事項：要有禮貌、有感情，要講完整句使清楚明確；在語調話術上要注意聲音也會令人起反感，注意速度、語辭及對人的感受；在先前準備工作上要先備好標準話術本，準備好對應話術、準備好完整表達之內容再打電話，勿忘了完整性及在短時間內傳達最重要之訊息部分；在應對祕書人員上，要以靈活變通之技巧，使其願意轉電話給其上司；在確認效果上要先確認對方之方便時間，由自己主動提二擇一之方式由其最後選擇確定。如星期六或星期日；在掛電話時，要等對方先掛後再輕輕掛下；在客戶抱怨處理上，要耐心並注意主動熱忱及聲調禮貌的重視；在售後服務上不忘道謝、祝賀、道歉。

電話推銷檢核及評估表

項目	是	否	評語
推銷員是否：			
1.與準顧客建立良好的關係？			
2.使用足可引起興趣的說法？			
3.試探獲知準顧客的有關資料？			
4.在推銷說明中強調未來的利益？			
5.試探促成見面或成交？			
6.有效處理反對意見？			
7.其他？			

信件行銷策略

使用信件、D.M.、信函寄給客戶，促使其有初步認識以激起初步好奇及興趣。

信件推銷（mailing）方式可節省拜訪時間，經濟方便，也可有系統的向客戶做表達。當有不易與客戶見面之情況下，可先使用信件再拜訪之方式，其他如在人情世故之往來上、售後服務之道謝上、邀請函……也皆可使用信件方式。

信件推銷可使用公司或高級主管之名義發函，問候並介紹商品……再請其與某服務人員連絡之方式以達權威性之效果。

信件之內容原則要給對方印象深刻、難忘，問候爲先，並做自我介紹，說明以對方爲特別對象之原因，介紹商品簡單明瞭，激起其好奇心及興趣，表示冒昧請求撥見、賜見，隨後再以電話與其連絡。

表達要有完整性（complete）、正確性（correct）、簡潔性（concise）、對話親切性

（conversation）、溝通傳達性（communication）、一致性（consensus）及清楚性（clear）。

直接信函之運用可彌補人員推銷之不足，其使用方式可用推銷信函、明信片、傳單及商品目錄……。

直接信函可配合使用名單名錄之購買以求方便有效率。

以下茲列出三則信件推銷之內容方式供參考：

例一：佛乘宗佛法實修班課程概要

佛乘宗佛法實修班傳授佛乘無上圓頓心法——八大加行與九段禪功；因課程完整有系統，甚受諸方大德歡迎與肯定，自開課以來，研習學員獲益良多，並有各種不同突破，咸表應繼續開班，以利眾生，故而決定每二至三個月定時開課以順因緣。歡迎十方大德及學佛（修行）多年，尚未能掌握修行重點，尤其眞正有志於即生解脫，證道成佛大德，前來報名參加研習。

佛乘宗創立祖師：民初聖僧　妙空菩薩

第二代祖師：緣道上人

指導人：緣善聖長老（釋眞緣法師）

講授：教授師、講師十餘人

研習期間：每期十三周（每周一次）

研習班次：分初級班、中級班、高級班

課程內容：

1.心法：八大加行之一——隨緣加行六大心法。

2.傳法

(1)大自在念佛解脫法。

(2)大自在禪定解脫法。

(3)禮佛拜纖文修持法。

3.靜禪：坐斷乾坤。

4.動禪：九段禪功之一——段和協助，包括禮佛拜師、身心一如、空即是色、抖落根塵、頂天立地……等式。

佛乘宗之內容：

佛乘宗之內容，分為「心法」與「生理課程」二部分。鍛練時相互為用、相輔相成。

1.心法——八大加行

(1)隨緣加行——凡位菩薩修。配合生理課程，初、二、三、四段修，以氣能及超氣能在數公尺至數公里以內運用。

(2)證道加行——初地菩薩修。配合生理課程，四、五、六段修。其超氣能可在銀河系內運用。

(3)顯現加行——二地菩薩修。其超氣能可在百個銀河系內運用。

(4)變異加行——三地菩薩修。其超氣能可運用於自身，達到質能互變，武器不能傷害之境。

(5)無功用加行——四至八地菩薩修。其超氣能可無量分身，達永恆不息使用而質能毫不影響。

(6)治地加行——九地菩薩修。其超氣能可變化出銀河系之無數淨土及物質世界。

(7)圓覺加行——十地菩薩修。其超氣能與宇宙融合為一，即證十大一如之境界。

(8)大自在加行——等覺菩薩修，證妙覺佛位。圓滿十大一如，身心能量與全宇宙融合為一。一切有色、無色、有情、無情統一於一身，證一合相。生命無所不在、無不自在、永恆自在，我即宇宙，宇宙即我，發揮大我、眞我潛能最圓滿之生命境界。

2.生理課程——九段禪功

(1)和協功——和協凝聚全身氣能，打通全身各部氣脈。

(2)力用功——訓練放射氣能與吸收宇宙能之能力。

(3)氣用功——綜合打通全身百脈，宇宙能之儲存，可運用氣能隔空療病，用氣能加持淨水飲用治病，以及金剛指治病等。

(4)意用功——化氣能爲心能，隔空治療各種身心疾病，一萬公里內可運用。

(5)任用功——超時空放射能量治療各種身心疾病，地球上任何一角落，均可隔空放射並治療其疾病。

(6)空用功——六段以上爲發揮個人生命潛能至不可思議之境界，已超越人類現代科學之範圍，爲超科學之科學。諸如可達自身質能互變，一身可變化爲百千萬身以至無量身，並可至全宇宙自由活動。六段的功力，其能量可放射至整個銀河系。

(7)能用功——能量可放射至無數之銀河系。

(8)圓覺功——能量可運用在整個宇宙，爲八地菩薩以上之功力。

(9)大自在功——身能、心能、宇宙能完全合一，圓滿運用於全宇宙，爲圓滿佛之境界。

開課時間：每滿十人隨即開課，並歡迎公司、行號、企業、機關等團體報名。

上課地點：社團法人中華民國佛乘宗學會

例二：中華民國對外貿易發展協會函

受文者：國內各公會

主旨：敬請惠予向　貴會會員廠商發布本會培訓中心貿易人才養成班招生消息。

說明：

1.貿易人才養成班係本會接受經濟部委託辦理，專爲我國企業界培育國際貿易經營人才之訓練班。該班每年招收三十五歲以下大專畢業青年，實施二年密集外語及經貿專業訓練。自七十六年開辦以來，已先後招訓九百六十名學員，訓練成效普受肯定，結業學員紛爲國內各企業所爭聘。

2.計畫招訓英語組八十八名、日語組二十二名。報名日期自一月二十五日起至二月二十四日止。

3.簡附招生訊息及招生說明會時間表，敬請參酌並請惠於　貴會刊物發布消息。

例三：

敬愛的XX讀書會會友暨喜悅書香的夥伴們：

楊柳青青，又見春回，迎春，迎禧，更迎新。

在這一年的開始，我們很感謝XX先生提供優雅的書香環境，讓我們交換喜悅，分享成長。一年多來，在熱心的菁英會友，用心栽植，殷勤灌溉下，讀書會日漸成長茁壯，充滿書香，也充滿喜悅，爲求滿庭花簇，添得更多香，竭誠歡迎夥伴們，攜手親朋，邀請摯友，每月第一個於晚上七點半至九點，放下煩惱、放下忙碌，來與我們共同交換喜悅、分享成長，

順祝您新春愉快，心想事成。

以下爲「台灣地區郵遞區號一覽表」以供郵寄時參酌使用：

台北市

中正區100　大同區103　中山區104　松山區105　大安區106　萬華區108　信義區110

士林區111　北投區112　內湖區114　南港區115　文山區（木柵116　景美117）

基隆市

仁愛區200　信義區201　中正區202　中山區203　安樂區204　暖暖區205　七堵區206

台北縣

萬里207　金山208　板橋220　汐止221　深坑222　石碇223　瑞芳224

平溪226　雙溪227　貢寮228　新店231　坪林232　烏來233　永和234

中和235　土城236　三峽237　樹林238　鶯歌239　三重241　新莊242

泰山243　林口244　蘆洲247　五股248　八里249　淡水251　三芝252

石門253

宜蘭縣

宜蘭260　頭城261　礁溪262　壯圍263　員山264　羅東265　三星266

大同267　五結268　冬山269　蘇澳270　南澳272

新竹市300

新竹縣

竹北302　湖口303　新豐304　新埔305　關西306　芎林307　寶山308

竹東310 五峰311 橫山312 尖石313 北埔314 峨眉315

桃園縣

中壢320 平鎮324 龍潭325 楊梅326 新屋327 觀音328 桃園330

龜山333 八德334 大溪335 復興336 大園337 蘆竹338

苗栗縣

竹南350 頭份351 三灣352 南庄353 獅潭354 後龍356 通霄357

苑裡358 苗栗360 造橋361 頭屋362 公館363 大湖364 泰安365

銅鑼366 三義367 西湖368 卓蘭369

台中市

中區400 東區401 南區402 西區403 北區404 北屯區406 西屯區407

南屯區408

台中縣

太平411 大里412 霧峰413 烏日414 豐原420 后里421 石岡422

東勢423 和平424 新社426 潭子427 大雅428 神岡429 大肚432

沙鹿433　龍井434　梧棲435　清水436　大甲437　外埔438　大安439

彰化縣

彰化500　芬園502　花壇503　秀水504　鹿港505　福興506　線西507
和美508　伸港509　員林510　社頭511　永靖512　埔心513　溪湖514
大村515　埔鹽516　田中520　北斗521　田尾522　埤頭523　溪州524
竹塘525　二林526　大城527　芳苑528　二水530

南投縣

南投540　中寮541　草屯542　國姓544　埔里545　仁愛546　名間551
集集552　水里553　魚池555　信義556　竹山557　鹿谷558

嘉義市600

嘉義縣

番路602　梅山603　竹崎604　阿里山605　中埔606　大埔607　水上608
鹿草611　太保612　朴子613　東石614　六腳615　新港616　民雄621
大林622　溪口623　義竹624　布袋625

雲林縣

斗南630　大埤631　虎尾632　土庫633　褒忠634　東勢635　台西636

崙背637　麥寮638　斗六640　林內643　古坑646　莿桐647　西螺648

二崙649　北港651　水林652　口湖653　四湖654　元長655

台南市

中區700　東區701　南區702　西區703　北區704　安平區708　安南區709

台南縣

永康710　歸仁711　新化712　左鎮713　玉井714　楠西715　南化716

仁德717　關廟718　龍崎719　官田720　麻豆721　佳里722　西港723

七股724　將軍725　學甲726　北門727　新營730　後壁731　白河732

東山733　六甲734　下營735　柳營736　鹽水737　善化741　大內742

山上743　新市744　安定745

高雄市

新興區800　前金區801　苓雅區802　鹽埕區803　鼓山區804　旗津區805　前鎮區806

三民區807　楠梓區811　小港區812　左營區813

高雄縣

仁武814　大社815　岡山820　路竹821　阿蓮822　田寮823　燕巢824
橋頭825　梓官826　彌陀827　永安828　湖內829　鳳山830　大寮831
林園832　鳥松833　大樹840　旗山842　美濃843　六龜844　內門845
杉林846　甲仙847　桃源848　三民849　茂林851　茄萣852

澎湖縣

馬公880　西嶼881　望安882　七美883　白沙884　湖西885

屏東縣

屏東900　三地901　霧台902　瑪家903　九如904　里港905　高樹906
鹽埔907　長治908　麟洛909　竹田911　內埔912　萬丹913　潮州920
泰武921　來義922　萬巒923　崁頂924　新埤925　南州926　林邊927
東港928　琉球929　佳冬931　新園932　枋寮940　枋山941　春日942
獅子943　車城944　牡丹945　恆春946　滿州947

台東縣

台東950 綠島951 蘭嶼952 延平953 卑南954 鹿野955 關山956

海端957 池上958 東河959 成功961 長濱962 太麻里963 金峰964

大武965 達仁966

花蓮縣

花蓮970 新城971 秀林972 吉安973 壽豐974 鳳林975 光復976

豐濱977 瑞穗978 萬榮979 玉里981 卓溪982 富里983

金門縣

金沙890 金湖891 金寧892 金城893 烈嶼894 烏坵896

連江縣

南竿209 北竿210 莒光211 東引212

南海諸島

東沙817 南沙819

釣魚台列嶼290

傳單海報策略

鎖定目標客戶群之區域廣發D.M.，也是拓展客源的一種方式。D.M.印刷可配合圖片使之顯目。

D.M.可放在信箱，用派報方式，放在汽車前車窗雨刷架下。及在D.M.上用橡皮筋綁在摩托車車把上之方式。

D.M.上要註明來電時請指名找XX人接洽，以確定爲自己的客戶。

D.M.的寫法要有強的吸引力，不要忘了註明電話、大哥大、傳眞機、地址及姓名，重點地方可用其他顏色或字體放大以強調之。

傳單、海報（D.M.／poster）之標題有以下之型式：

1. 限期型（現在買，便宜XX%……）。
2. 限量型（只限XX人，額滿爲止，名額有限……）。

3.解釋型（因爲……，所以……）。

4.發表新聞型（本日開幕，敬邀參觀……）。

5.理論型（幸福的祕訣是A……B……）。

6.保證型（保證賺大錢……）。

7.數字型（提供三大優惠、五大好處，全部又都再打折）。

8.質問型（你知道嗎？你不可以不知道……）。

9.預言型（二十一世紀之先趨，二十一世紀最流行的……）。

10.感性型（請聽！春天的腳步近了……）。

附傳單一則爲參考：

尋屋

XX區的芳鄰請留意：

免費鑑價服務專線：××××××

地址：×××××

各位芳鄰您好：

因有客戶洪先生等欲購買

XX區的房屋作爲住宅，

委託本人代爲尋找，若有意出售您的房屋，請速與本人聯絡，我將會在最短的時間，給

您最滿意的服務。

專業經紀人：XX敬上

傳單、海報的發放、張貼可自行處理，若數量大亦可委託專業的公司行號或工讀生代爲

處理。

因應被拒策略

要成熟得體回應。先瞭解一般客戶的屬性類型有：獨斷型的人，不易接受他人觀點；喜爭論型的人；保持沉默的人，不提任何意見；話說得很多的人；理性強的人；感性強的人，重人情、感覺、情緒、印象、外在、美好遠景；具有相關產品常識、知識、專業的人；易有藉口的人，要等好時機，要再考慮，要與他人商量；喜挑毛病的人；已擁有類似替代性商品的人；無決策權但有影響力的人；無購買能力的人；蒐集相關資料來參考的人。

可事先設計可能被拒絕的對策及因應話術以作爲充分的事前準備，妥善因應。

拒絕有分：

1. 眞實的拒絕：向沒有小孩的人推銷小孩用的商品，理當被拒絕；但可轉向創造其購買需求條件。要求其把握機會購買來贈送親朋好友的小孩。
2. 暫時的拒絕：並非堅絕地拒絕不購買，尚在考量，仍有可能購買之機會空間。

一般言拒絕的因素有：

1.沒有好印象：對公司、商品、推銷人員印象不好或先前有不愉快之經驗。

2.爲求更愼重：公信力是否確認，品牌知名度認知良否。

3.確實不需要：沒有需求、可有可無，完全沒興趣。

4.尚無法認同：優點、特點重點無顯著差異，無太大利益感。

5.不想被打擾：情緒不好時，對購買無燃眉之急，購買習慣不同。

6.價格因素：太貴了金錢不夠，價格是否仍有彈性、能否打折、優惠，沒預算不值得，景氣不好，付款條件不好。

7.商品因素：品質不好、功能不佳，替代品太多了，太豪華，已有了，貨源供貨情形，顏色不對、款式、口味不好，購買習慣不同，社會意見。

8.公司因素：公信力不足、知名度不夠、企業形象不佳。

9.服務因素：售後服務、口碑、服務人員態度不佳。

10.時間因素：一時無法決定，需與家人、朋友、主管商量。

11.名稱因素：名稱不雅、諧音不佳。

12.權力因素：無決策權。

處理方式有：

強化公司定位、公眾形象的再塑造、企業CIS的建立，公司多從事社會公益慈善活動；推銷人員訓練加強；提供有關官方文件、報告、媒體報導、證人證言，保障權益；評估需求的權值予以優惠、鼓勵嘗試，自己用不著可送給親朋好友；糾正其觀念、分析事實情境；以感性友誼爲訴求、贈送小禮物緩和氣氛、不直接以商品爲訴求溝通之重點；強調價值；價格與價值的高低，取決於客戶的觀念及想法，強化遠景未來之好處、價格是靜態的，而價值是動態的，以投資報酬率、回收年限、平均利潤之換算數字來表達；擴大價值的印象縮小價格的印象，以不同等級的價格供其選擇，提供其付擔得起的付款條件，把價格細分化，每一天是要付多少金額即可；此細分化之金額與一般常用之日用品相比較，如只是一包菸的金額、一份報紙的金額，使其認知價格並不代表一切是付擔得起且輕鬆的。強調價值是來自於推銷員的服務品質、商品功能品質、方便性、變化性、設計款式、保證保障、交易條件、付款條件及知名度……；與競爭者相比較凸顯優點、重點、特點；並以其他條件來配合彌補商品因素所欠缺的地方；感謝其寶貴意見，會建議公司改善，並委婉說明；保證改進並尋求解決之道；強調機會難遇，要求提供要與之商量者或有決策權之人之電話、可代爲向其解說或轉交書面資料；立即改進、或強調某項的重要，重點轉移其心理變化；以同理心有效傾聽，注意其表達的感受情緒。分析比較利弊得失（SWOT）：列表說明、優點有哪些、缺點有哪些、購買後之利益有哪些、購買後不利之處有哪些，再針對其情況，解決其主要困難點。事先預防、事前的充分準備及預判其可能的拒絕因素何在、事前即予以化解。直接否定，指稱其消息、判斷看法是不正確的，並提出證據。詢問反問，詢問其反對之因素及看法、反問其對自己分析的看法是否合理滿意。同意其看法，其反對因素是合理的，但是正因爲如此，在其他條件之配合上，才有更好的搭配以彌補之。引導拖延，避開有意見的話題，不利購買之感受，討論優點中哪幾項對其最重要，能帶給其的好處何在。權衡輕重，何者才是重要的主體性的、何者是無足輕重、影響不大的。

瞭解拒絕的主體性原因及輔助性原因予以因應化解，好的推銷人員是由被拒絕開始，若沒有拒絕則由一般資淺的服務人員處理即可無須推銷行銷人員了。

針對可能之拒絕說詞：已有了、不需要、沒有錢、不急、不想要、不信任、再連絡、目前沒需要、太貴了、別人的較便宜、以後再說、考慮一下我很忙沒時間、我對它沒興趣、我家人反對、我只買某品牌的商品。事先設計回應的話術，轉移其觀念，導引其購買心理。

客戶的可能拒絕因素及說詞，必須事前有充分演練準備及心理準備，避免與之爭辯，雖可贏得爭辯卻可能因此失去了銷售成交的機會，要有效的傾聽其拒絕的因素及說明，用反問的方式請問其主要反對拒絕的原因，用感性的方式配合理性的方式搭配說明，感性是隻看不見的手，理性是隻看得見的手，尊重其意見，若自己說明有錯，要立即承認，將自己的說明提出證據，並訴求更崇高的購買動機，以同理心真誠地以其立場助其解決並多讓他講話雙向溝通，若有好的解決點出現可讓他覺得是他想到的，不斷地肯定讚美其解決問題的能力，緩和情緒塑造氣氛，購買及相信之前是必經歷一定過程的溝通說服。

成交時機策略

把握掌握成交訊號，適時拿出契約書與筆主動爲其塡寫，邊寫邊聊天邊詢問其有關塡寫資料，誘導其完成締結成交。

讀取客戶之心理判斷及可能之購買訊號。

可在客戶之動作、表情、言詞中抓住此一訊號及機會，並且在適時締結購買時機點成交。

1.由動作、表情上觀察感覺研判此一購買訊號

(1)當客戶陷於深思時。

(2)突然很關心、很注意某些重點。

(3)再次翻閱或詢問商品細節、目錄時。

(4)身體前傾表示關注。

(5)開始看合約之條件或注視商品時。

(6)徵求第三者意見。

(7)顯示猶豫不決時。

(8)停止習慣性之動作。

(9)開始招呼您時。

(10)深呼吸。

(11)變換坐姿。

2.由言詞上研判此一購買訊號

(1)要求其他更有利條件時。

(2)詢問其他細節時。

(3)拿計算機、談論價格並詢問有無折扣優惠。

(4)重複某一相同問題。

(5)與您更友善交談時。

(6)話題非常投機、一直問問題。

3.明示或暗示其應締結購買之時機點。

(1)一說明完畢後立即遞出契約書與筆主動爲其塡寫。

(2)更加重複強調某重點後。

(3)引用實例提出證據後。

(4)回答其反對意見後。

(5)提出四問句後。

(6)強調現在購買的好處後。

簽約時勿過於興奮而緊張，並以強調語氣再次訴說重點項目，對買賣條件不可隨便讓步，可先收取足夠額度之訂金，要有堅持到最後之決心，並審愼核對印章、簽約資料內容，訂約後立即感謝、稱讚他與其握手，並請其推薦客戶。

處理抱怨策略

抱怨之處理有以下應注意之事項：

以其朋友、顧問之立場；以間接語句來指正其看法；先承認己錯在先，再批評他人；用問問題來取代直接要求；請主管出面；滿足其自尊心、更有禮貌招待他、使氣氛友好；以更完整之資料提供足夠證據來支持；勿與之爭辯；答應回報改善；以緩和情緒爲重；對其期待要求做可能範圍之保證；顧及他人面子；給其美譽；使其覺得照你的意思去做，會很開心；對價格之抱怨以顏色、尺寸、風格……來轉移使其喜歡之方向；告知消費者是最大贏家，錯失交易雙方都是輸家；不要把責任推給公司或主管，當你批評你的公司或主管時，只會加深其對你的公司及產品之不信任度；不要延誤處理抱怨的時間；不要害怕認錯及道歉。

先求取緩衝（buffer）的機會及時間，再予以分析（analysis）使其理性決定（decision）做最後之結論（close）。

此即BADC法則：不要與客戶之關係因處理抱怨不當而轉壞，否則會失去此一顧客，或則其購買金額、數量會減少及散播您公司的不利消息。

掌握處理抱怨的機會來提升自己改進技巧，發揮創意能力，運用此一解決問題的機會獲得主管讚賞，並獲得客戶長期的友誼。

維持一名客戶要比失去一名客戶之後再重新爭取，或另行開發一名新客戶，所新花費的成本要低得多，故要有效地、成熟地處理客戶的任何抱怨。

可配合運用「客戶意見調查表」之方式，以事先瞭解其可能之抱怨予以因應。

肢體語言策略

肢體動作也是一種暗示作用。

只用語言不足以全然打動人心，肢體動作也扮有相當重要角色。

言語之表達配合有力之肢體動作，可產生更多正面效果。

臉上之動作以微笑親和為主，以微笑先馳得點獲得好印象。

每天早上照著鏡子，說「今天是美好的一天，我將心情開朗以笑臉近人。」自我暗示以自我激勵。

建立自我形象及專業權威，才有足夠之說服信任力。

伸出大拇指稱讚客戶之一切及其對產品購買之眼光，一舉一動皆有其不同之暗示意義。

眼神之動向表現心態。

腳的態度上勿抖腳或張太開。

手的態度上注意勿忘握手及伸出大拇指稱讚。

服裝配件之態度上要使人信任有專業形象。

頭髮之態度上要使人有好感。

全身之態度上要點頭示意表示對其有善意。

一般情形下所意識到的距離範圍有四種：

1.密度距離：親人擁抱；遠方距離爲十五～四十五公分。

2.個體距離：接近狀態爲四十五～七十五公分；遠方狀態爲七十五～一百二十公分。

3.社會距離：接近狀態爲一百二十～二百一十公分；遠方狀態爲二百一十～三百六十公分。

4.公眾距離：接近狀態爲三百六十～七百五十公分；遠方狀態爲七百五十公分以上。

要得體的禮貌地運用肢體語言，不僅用嘴巴來表達，還要運用適當之肢體語言。

肢體語言（body language）也是一種溝通方式；溝通之方式是指訊息的傳達之方法，可用聽覺、視覺、觸覺及嗅覺之種種方式達到雙向溝通的效果。

溝通模式中存在四個因素：發訊者、訊息、受訊者，以及溝通方式。其中肢體語言是一個很重要的部分，可避免委婉地處理一些溝通障礙獲取適當之銷售機會。

推銷的過程即是溝通的過程；在訊息的傳達上，若客戶對你的表現、一舉一動、一投足一舉手有好的肯定。則易投射到商品上有好的印象及肯定。

在溝通重點上除了聲調、外觀、言詞、說話方式態度外，適當必要的肢體語言姿態、表情訊息傳遞回應等也有其重要的一面。

如當客戶說現在不需要或要考慮時，「嘆一口氣」婉惜其未能把握如此良好機會；或如賣望遠鏡的商人，把商品放在旁邊而眼睛一直於天空探望注視以吸引好奇的人想得知其看到些什麼而來購買此一望遠鏡商品之例子，可知肢體語言之搭配有其一定之重要影響力量。

但要注意不同的肢體語言所表示的意義，在不同之文化環境中可能有其不同之意義。

由人的身體各部位之肢體動作語言表現其所含之意義研判：

1.腿部

(1)小幅度搖腳做出抖腿動作是表現焦躁、緊張之意。

(2)架腿，一般係不接受對方的拒絕暗示。

(3)併排而坐的男女，如互相構成封閉圓圈似地架腿表示該二人關係相當密切。

(4)腳置於桌上表支配、占有慾強烈。

(5)張開腳而坐的男性表示對性方面充滿自信、具支配性性格。

(6)大腿以擠壓式地用力交叉兩腿的女性係表達其對性方面深感興趣的暗示。

(7)稍微分膝而坐的年輕女性表示尚未成熟的女性。

(8)女性架腿表示對自己的容貌、身材表現有自信。

2.足部

(1)坐著搖動足部或用腳尖拍打地板的動作，係對走向前來的人，表示「你一靠近，我可會感到不安。」的信號。

(2)站立在車站前或街角等候場所，將一腳的足部搖動著的人，表示時間到了而約會的對方仍未抵達，故感到焦躁不安。

(3)女性併攏膝蓋，使對方產生嚴肅感的姿勢，係表現著防禦性的心理狀態。

(4)腳踝交叉而坐著的女性，雖非完全拒絕對方，惟屬「婉轉拒絕」的意思表示。

(5)搖晃架在另一腿上的足部，乃表示心情輕鬆的證據。亦即「別那麼拘謹，請放輕鬆吧！」的誘導。

(6)用架起來的腳尖搖晃著高跟鞋的女性，乃係在暗中誘惑男性。
(7)將高跟鞋忽而穿上，忽而脫下的女性，係在無意識之中，表現著性的欲求。
(8)鞋底的腳尖外側有磨損的人，乃屬攻擊個性的持有者。

3. 腰部

(1)打招呼時，做出彎腰動作，係向對方表示謙遜的態度。
(2)彎腰走路，乃意圖壓抑自我的情緒表現。
(3)手插在腰間者，乃表現著對於某一行動已做好萬全準備的心態。
(4)站在人前，將手插入褲子口袋中之行爲，意味著想解脫精神上的緊張感。
(5)兩手大拇指呈倒八字形插入褲子皮帶部位的男性，乃意圖誇示自己性器較大的表現。
(6)在初見面的人面前，猛然將身體全部摔出似的坐下者，可視爲心中有什麼不安。
(7)深深坐入椅內的人，係向對方表示，其意圖站在心理上的優勢。
(8)蹲下、向上看人的姿勢，可視爲具有極不願意服從對方的念頭。

4. 腹部

(1)下意識將腹部突出之動作，乃意圖威懾對方，使自己居優勢支配慾的表現。
(2)腹肌放鬆，將腹部縮入的人，多半處於不安、不滿、消沉等防衛心理的狀態。
(3)對坐中，解開上衣鈕釦而露出腹部時，表示該人對於對方不存有警戒心理。
(4)重新繫妥皮帶的動作裡，包含著該人在潛意識中，對自己打氣的意圖。
(5)腹部極度起伏者，乃是意圖抑制即將爆發的狀態，導致呼吸困難的證據。

5.背部

(1)背脊挺直的人，律己甚嚴、充滿自信，惟其反面，多半缺乏精神上的彈性。
(2)在旁人注視之下，打電話等情形，對於不特定的多數人，將身子背過去時，多半係與情人私語之類，談論著帶點秘密性的事情。
(3)在人前採取駝背的姿勢者，表示畏懼對方、惶恐等，精神上較對方居於劣勢。
(4)男性對於可假想爲自己性對象的女性，做出觸摸其背部的動作者，乃是唯恐對方拒絕，而又渴望接近的一種情緒表現。
(5)背向對方者，一般係拒絕的姿勢，惟女性的場合，也有不少屬於等待男性積極說服的暗示。

(6)駝著背的人，具閉鎖性，防衛的傾向強烈，雖有愼重、自省之一面，惟綜合視之，屬憤世嫉俗者，生性至爲孤僻。

(7)同性朋友或家族、年齡不同的男女等，互相拍背乃是確有同感、共鳴或爲了激勵、催促的暗示動作。

(8)對坐中，挺直背脊，一直保持端正姿勢者，乃其與對方之間，形成一道無形防禦阻擋的證據。

6.胸部

(1)經常挺著胸部的人，多半屬於有自信者。

(2)對方向自己行禮時，幾乎觸及自己胸部也不介意者，乃比對方居於絕對優勢的證據。

(3)高挺胸部步行的女性，並不在於吸引男人，而是很在意同屬女性的存在。

(4)儘量向上挺起胸脯而走路之人，乃在意其個子矮的證明。

(5)兩手按住西裝的衣領，而挺起胸脯者，多屬政治、律師等具有職業優越感之人。

(6)女性用手保護胸部，並加以掩蓋時，乃突然遭受某種刺激或驚嚇的象徵。

(7)將右手貼在心臟部位的動作，可向對方傳達出自己的可靠性。

7.肩部

(1)男人互相將手置於對方肩上者，即是「幹得來勁否」、「你怎麼樣」之類的問候表現。

(2)男性將外衣搭在肩上走路，即是想強調「男性氣概」之表現。

(3)男性使肩部聳起者，跟西裝塡入墊肩一樣，意味著威嚇對方。

(4)男人摟住女人肩膀，女人將手環在男人腰間而步行的情侶，可視爲親密程度至深。

(5)傾斜肩部而聆聽對方說話者，表現著想閃開對方話題的心理。

(6)選舉期間，候選人在肩膀披上紅條，乃由於想使自己儘量擴大的心理作祟。

(7)「縮肩」動作即是不愉快、困惑、疑惑的意思表示。

8.頸部

(1)處於極度緊張狀態之人，會同時產生嘴巴說「是」，而頭部呈「不」的信號之完全相反的表現。

(2)頻繁的「應和」乃是感情上、感覺上在聽對方說話的證據。

(3)對方話題接近核心，便做出搖晃身體似的應和動作時，對方往往會不自覺地被套住，而說出肺腑之言。

(4)「微歪著脖子」乃是應對方邀約的女性，心想「我該怎麼辦呢？」無從做決定時，表現出來的肉體言語。

(5)單調而機械性的應和，表示充耳不聞，抑或想反對對方，惟言語、態度上卻不表現出來。

(6)對方說話脫離主題時，便將上身儘量遠離對方，且不隨聲應和地聽看時，對方即會察覺到話題偏遠的情形。

(7)女性每當談話告一段落便應和二次者，大多數屬於拒絕對方的反應。

(8)「甩頭」動作乃是就對方話題，表示「難以同意」的信號。

9.下顎

(1)蓄落腮鬍乃使下顎更加突出，在掩飾其內心懦弱之同時，又是爲了取代語言、態度，當作自我主張的工具。

(2)東方人憤怒時，恰與西方人相反，以縮下巴的人居多。

(3)撫弄下顎的動作，乃是爲了掩飾不安、孤獨而產生的肉體言語。

(4)用下顎來指使他人者，屬於擁有強烈自我主張之人，而且，有把握其主張完全可以遂行。

(5)用力縮緊下巴的訓練姿勢，乃是表現絕對服從之意的肉體言語。

(6)外國人把下顎伸向前面時，大多數是隱藏內心憤怒的表示。

10.腕部

(1)上身傾斜，做出兩腕交叉的動作時，即可不露痕跡地傳送正以批判態度聽對方說話的信息。

(2)話至中途，同時帶有點頭，附和或笑容的兩腕交叉，意味在傾聽對方說話。

11.手部

(1)握手時，如果對方的掌心冒汗，可視爲對方的心理處於不穩定的狀態。

(2)手插入褲子口袋裡，傾聽對方說話的行爲，可視爲不信任對方的表現。

(3)不停地把弄身邊的物品者，乃正感到緊張的表現。

(4)交談中用手弄出聲響的行爲，乃是不同意對方說法的信息。

(5)隔著桌子面對面坐著時，如果想比對方居於優勢，只要將桌上的小東西朝對方推出即可。

(6)兩手指尖併攏，置於顎下者，乃向對方傳達自己充滿自信的信息。

12.嘴部

(1)在開會或教室內「打哈欠」乃企圖暫時逃離當場氣氛的信號。

(2)用手摀嘴讓對方察覺「性」的慾望。

(3)抽菸的女性帶有「脫離女性的願望」。

(4)聰明的女性，喜愛塗上鮮濃的口紅。

(5)說話時，頻頻「清嗓門」（咳嗽），且聲音變調之人，其有過分憂慮的傾向。

(6)嘴唇兩端略微拉向後方似的狀態，傾聽對方說話之人，乃忠實的聽眾。

(7)不作聲、用手摀嘴之人，表示正想斷絕其與對方的情感傳達。

(8)一邊說話，一邊用手掩嘴的人，表示跟對方存有警戒心，不願意被看破本意。

13.鼻部

(1)用手摸著鼻子，上身向前彎曲的動作，乃「你的話靠不住吧！」之類具有懷疑的意思表示。

⑵似乎在閃避難聞的氣味，使勁把頭部向後拉，讓鼻子遠離對方者，乃傳送憎惡或拒絕的信息。

14.眼睛

⑴斜眼看對方者，乃對說話內容感到懷疑、疑惑的證據。

⑵用向上翻眼的視線看人，可認爲是對該人帶有尊敬之意或撒嬌的情緒。

⑶直視乃感受到對方「魅力」的證據。

⑷傾聽對方說話時幾乎不看對方者，乃企圖掩飾什麼的表現。

⑸張大兩眼看人者，可視爲對該人抱持極大興趣。

⑹說話之際，兩眉併攏者，表示其不贊成對方的意見。

⑺交談之際，視線閃爍不定者，以具有不誠實之性格的人居多。

⑻說話之際，長時間凝視對方者，可視爲其對說話者比說話內容更感興趣。

15.頭髮

⑴搶先一步採納流行髮型之人，表示對環境的適應力很強。

(2)將長髮剪短者，乃表示其堅強的決心。

(3)學生於就職時，剪「新兵髮型」乃係對白領階層的一種忠貞表示。

(4)剃平頭的髮型，乃攻擊慾的一種表現。

(5)經常變換髮型的女性，易受他人煽動；互相觸摸頭髮的男女，表示雙方親密關係很深。

(6)女人將繫妥的頭髮解開，實與寬衣「解帶」具有相同意義。

16.臉部

(1)縱或不說話的坐著，其與鄰座之人有無親密關係，可就臉部的輕鬆狀態獲知。

(2)停止露出微笑，乃係向對方的饒舌與多管閒事表示無言的警告。

(3)一無表情的臉孔比露骨的困惑或厭惡的表情，更巧妙地表示出拒絕對方言詞的信息。

(4)露出笑容之後，隨即做出嚴肅面孔之人，乃是不可掉以輕心之人物。

(5)沒有必要露出不高興的神情場面裡，卻做出不高興的姿態者，乃是因爲不願被人發現其內心潛藏的喜悅。

(6)女性所做出毫不關心的表情，乃是一種善意的婉轉表現。
(7)不小心跟陌生人相撞之時，露出微笑乃是爲了向對方表明自己沒有敵意。
(8)露出不置可否的微笑，可以轉達婉轉的拒絕與進退兩難之意。

17. 頭部

(1)男人用手觸摸男人的頭部時，乃有意伸出援手的一種心態表現。
(2)男人之間由於強烈友情的衝動，往往會以手粗野地朝彼此頭部做出「攻擊遊戲」。
(3)併攏食指、中指、無名指、手背朝外，輕輕拍打額頭的動作，乃靦腆、困惑之表現。
(4)交談中，降低聲調並有點低下頭來的對方，表示他想結束話題。
(5)斜著頭鞠躬的人，往往帶有幼兒的精神結構。
(6)靠在桌面以支撐頭部的手，乃用以取代可擁抱自己的好友。
(7)頻頻敲頭及強調正在用腦筋思考的動作。
(8)抓頭動作乃不滿、困惑、害羞、痛恨自我等的直接表現。
(9)屬於「整理身體動作」的摸頭行爲，乃是精神極度緊張，正在加速思考的證據。

18. 全身

(1)天氣不冷卻將手插口袋走路之人，乃具有神秘傾向的性格。

(2)男女面對面坐著，互相將身體彎向內側時，乃「不願被他人打擾」的意思表示。

(3)在會議席上，故意採取不同於其他出席者的姿勢之人，乃極想發言的證據。

(4)兩手背在身後踱步的人，顯示其正在思索某事，有意拒絕他人趨前搭訕。

(5)服裝筆挺，予人無隙可乘之感覺者，乃是不願受人干涉的心理表現。

(6)不分男女，做出整理領帶、補妝之類「整理身體的行為」，乃是其對她或他帶有「興趣」的證據。

(7)正在說話時，突然將身子轉向出口者，乃是表示「請儘早結束交談」的信息。

運用暗示策略

人類對於自己的思想或行爲有時是以感情情緒的一面，而非以純理性的一面來判斷；情境的塑造、感覺的塑造是有利商談的進展的，全身皆有「暗示作用」的表達方式：言語、服裝、行動、肢體語言、地位、年齡、權力、職稱、環境等，皆可暗示，既是暗示即非明講。

暗示作用有正面的意義亦有其負面的一環，以正面思考方式避免其負面思考方式，導引客戶更積極正面地看待您及您的商品、公司，適時地答腔、幫腔、應腔、回腔，或默然不語皆有其不同的暗示力量。

推銷員也可由自我暗示的自我心理激勵，信心十足則易使說服力提升。有效地運用各種推銷語言的暗示作用，可正面影響吸引客戶。

通用暗示策略有以下可行之方面：

1.在儀表訊號方面：給客戶好感，覺得你很有精神，信心十足，在氣氛、認知、情緒上先使其認同有好感；醫師有醫師的正式制服使人信任，律師若穿著不夠穩重易顯其素養不夠。

2.在視線訊號方面：要明確有力，不亂瞄、不亂飄，使客戶覺得你很穩重，成熟值得信賴。

3.在語言訊號方面：要多用發問句、反問句，瞭解客戶實際想法，提出連續問句，使其回答是正面的，可先問其購買後之處理方式，用何種方式付款，何時收款，送往何地。

4.在聲音訊號方面：以明朗肯定成熟的語調語氣，穩定客戶心理以輕快有節奏的音樂使其心情快樂有助購買來暗示。

5.在動作訊號方面：以使客戶一同參與討論商談，培養友好氣氛為主；把商品放在其手上實際瞭解，把契約書雙方放置其面前，向他借筆幫他填寫，或輕拍其肩部、臂部表示親切友好之暗示。

6.在表情訊號方面：以使整體氣氛良好有助購買為主。

7.在願望訊號方面：企圖心，自信心，專業形象要夠。

8.在關係訊號方面：與客戶有共同的朋友或經驗，取得情感上的認同友好，或請喝飲料、送小禮物或他人之合照來取得情感上的認同友好。

9.在商品訊號方面：舉例他人使用後非常滿意之景象範例來暗示假若不把握機會即會喪失很大的利益。

如何改變客戶固有之價值判斷，可同時運用明示及暗示，正面思考及逆向思考來影響客戶。明示即正面表達，建議「你應該……」、「我知道您……」；暗示即非正面表達，建議「他人都……」。

二擇一策略

在選擇有利適當之時機下，通常為要結束商談，客戶將行決定購買與否時，不斷嘗試二擇一策略，促使其認同、肯定、同意，並有效主導，掌控（control）客戶之購買行為可同時使用此二擇一策略或連續多個二擇一策略或多重選擇策略，舉例如下：

「不知您要購買哪一種？A種或B種？」

「不知您要今天送貨過去或是明天？」

「星期四或星期五，去拜訪您呢？上午或下午您較方便？」

「您要哪種款式的？A型的或B型的呢？」

「您喜歡什麼顏色呢？紅色或白色的呢？」

「您使用現金、支票或信用卡呢？Visa或Master呢？」

由客戶從你所提出限制的答案中做選擇，不要讓客戶在買或不買之間自行做決定，在使用此法則之同時可配合重點說明強調特點優點，加以輔助。

財務邏輯策略

財務邏輯（financial logic）之重要性，要站在客戶立場，幫其規劃，助其能以較輕鬆付擔得起（affordable）的方式從事財務預算的付款計畫。

可用多種分期付款方式，頭期款之不同額度方式，一步步提供有利之財務規劃公式誘導其能夠從事購買行爲。使客戶、自己及公司皆成爲贏家的三贏方式。

可詢問客戶之購買能力、預算，及何時才能有足夠的購買能力，如何把付款金額做最有效的安排。

可分析購買此商品所帶來長期開源節流獲利之好處何在！並提供圖表依據明確說明，並考慮利息、膨脹、漲價、稅賦各因素之問題。可分析價格、相對價格、絕對價格、細分化價格，給客戶瞭解，價格是價值及品質的標誌，相對價格是與競爭者或替代性商品相比較，絕對價格是指花費在某一項商品與其他不同項商品間之價格上的差異，細分化價格是把總價細分成以較小時間單位（如一天）來計價。

可告知客戶「您很幸運」此種財務邏輯是特別為您量身製作的；價格在先前可先暗示，可留在商品介紹後再談及，先求商品符合其需要，再搭配財務邏輯之優勢，才能符合其整體需求。

可分析或安排以介紹他人也來購買之方式取得額外優惠條件或回扣，使其能較輕鬆付擔得起。

有效詢問策略

推銷過程中客戶對業務員、公司及商品價格皆在思索、感受，要有效解決其需求、需要、慾望，或特定的問題。所以要運用單方面的說明，配合有效詢問請教之雙向溝通才能眞正解決其問題及疑惑也才能找出展開雙向溝通之話題才易使買賣成交。

單方面的說明容易左耳進右耳出，不當成重要的問題予以考慮看待，有效詢問請教可以表現眞誠，引導其發覺邏輯性及表明其看法、問題，由於其必須回答回應故可使其認眞考慮而眞正討論到問題的關鍵點以確定其需求、需要、慾望及問題點何在再加以因應解決。以問問題的方式，客戶實際上是透過他自己來說服自己，而使其採取行動。

若有多位相關人士一同在場，也要一一詢問每位人士的看法，使其意見趨向一致正面認同。以詢問方式引導其回答爲肯定的答案。

當介紹說明完畢後，可使用四問句策略詢問：

(Do you like it?) 您喜歡此商品的效用嗎？

(Do you think it is better?) 您認爲此商品服務比其他廠牌的好嗎？

(Do you use it?) 您用得著嗎？

(If pay easily, do you want it?) 若付款輕鬆能負擔得起，您願意購買嗎？

若此四問句策略皆是正面的答案，則易於成交。並不要忘了告訴他，他才是贏家。

使用詢問句技巧可套出其不立即購買的眞正原因及肯定的方向而加以解決，加深其認同度。

「您喜歡此種顏色吧？」

「您比較喜歡紅色的或白色的？」

「您認爲此商品之設計、效能，符合您的需要吧？」

「很不錯的方式吧？」

「我們什麼時候可以去安裝這個設備呢？星期四成星期五？早上或下午您較方便？」

「您的購買預算大概是多少？」

「您目前有投資股票嗎？」

「此項商品服務能解決您的問題吧？」
「還有什麼不滿意的地方要考慮的呢？」
「此商品能使您……，您願意瞭解一下嗎？」
「您認爲多少價格才算合理呢？」
「您心中的合理價位是多少呢？」
「您的預算是多少呢？」
「您有何原因不立即購買呢？」
「您喜歡節省吧？」
「現在就購買，立即就有種種好處，一年可節省……，不是很好嗎？」
「您有什麼理由去否定自己的夢想呢？」
「您曾經……嗎？」
「我有什麼缺點，或表達不清楚，而使您不購買嗎？能否給我些建議？」
「請問您若認爲價格是合理的，您可以現在作出購買決定嗎？」
「這就是您想要的，不是嗎？」

「有特別指定要哪一種嗎？」

「您是會認同、同意我的說法，對不對？」

「您不應該繼續忽略此一問題，對不對？」

「這不是更能符合您的需要嗎？」

「A項目是您最關心的，對嗎？」

「爲什麼不需要呢？」

「您覺得如何？要不要試用一下？」

「您以前已損失很多了，您不希望又買錯商品了吧？」

「請問您願意看到家人……嗎？」

「買下它比不買，來得好吧？」

心理邏輯策略

瞭解人性之基本需求，有利彼此關係之友好建立。

話題若能共通、心情若能愉悅、商品若能共鳴、需求若能激起、表現若能認同，則交易易於成交。

購買心理，須瞭解其所想要的全面所有可能的需求、需要及重點關鍵之要求。

影響的因素：

1.商品的將來性、價格性、市場性、保證性、功能品質性、獨特性、尊榮性。

2.價格付擔不會太大且可從商品中回饋。

3.公司的公信力。

4.人員的服務性、親切度、重視客戶度。

5.通路的方便性。

6.賣場的舒適性、地點性。

在人際心理面上，要著重於客戶情緒管理及自我人格塑造，不批評，給予眞誠讚美，及關心與他有關之人、事、物及引發其心中的渴望。

不要忘了他的姓名並稱讚爲很好聽的名字；好的職稱給他美譽，要稱頌一番。要多誘導其多談談自己的事情。並談論他眞有興趣的事項話題，使其尊榮，覺得受重視（可引見主管）。

避免爭辯，尊重其意見，立即記住其意見並立即告知回報公司主管加予改善。

以同理心、同情心待之，使其認爲依你所規劃說明的方法去做會有所獲益。可訴求更崇高的動機。

可將自己的想法做戲劇化的表現。

可提出挑戰保證產品之獨特優質性。

可用委婉柔軟的問句方式間接使其知其錯誤、誤解何在。

一定要照顧到客戶的面子、情緒及隱私權。

推銷是雙方或多方之心理對話，如何進入其內心世界，是打開商談推銷重要的一把鑰匙。

商談過程中之任何訊息之敏感度，皆會使其有不安全感，甚至令其不快，如何有效安撫，禮貌地完整解說，使其印象深刻，而取得認同，皆有其技巧，可以用點飲料送贈品的方式營造友好信任之氣氛；可以與其談論有興趣的話題，使其心情愉快，產生購買氣氛；可以以詢問句或藉用意見調查表（survey sheet）瞭解其實際之狀況來判斷其購買能力及意願；可以用說明會、文件公信力之提供使其確定價值的重要；可以誘導其發言，使其有參與感，認眞考慮；也可以提出建議並舉成功的例子，使其與有同焉而安心產生認同感；可以不只以其爲訴求點，尙要擴及其家人、其關心的人、事、物；第一人稱、第二人稱、第三人稱的共同使用，可使其購買滿意度不只限於某個人，也有爲他人購買的因素一起加入。

流失一筆生意，不只會使雙方都喪失好機會，連帶使其家人亦無法享有此一好機會，雙方都是輸家，如何雙贏是有賴心理邏輯法則的瞭解與充分使用的。

流程設計策略

在流程設計上安排要預先準備之有效導引控管客戶。在舉行說明會，邀請客戶到公司來之情形流程爲：

1.與客戶見面前先行整理外觀服飾及相關資料。

2.致歡迎詞並遞交名片、開場白。

3.安排位置。

4.打破心牆，配台視覺、聽覺、感覺的運用使其有好感。如放音樂、寒暄、點飲料。

5.warm up，套交情，培養氣氛，使其認同你，接近彼此關係。

6.配合市場調查表、意見調查表使更瞭解其需求、價值觀、財務能力及購買性向。

7.商品說明（一〇〇%事實說明）、發表會內容講解，看錄影帶及文件說明。

8.重點重複強調提示保證以財務邏輯、利益邏輯、商品比較差異性分析，遠景塑造並解決問題異議以激起需求。

9.提出四問句

（Do you like it?）您喜歡此商品的效用嗎？

（Do you use it?）您用得著嗎？

（Do you think it is better?）您認爲此商品服務比其他廠牌的好嗎？

（If pay easily, do you want it?）若付款輕鬆能負擔得起，您願意購買嗎？

10.安排與主管會面。

11.成交並立即握手，點飲料招待。

12.送行道謝並贈送小禮物。

13.文書工作。

14.寄感謝函、卡。

15.售後服務。

銷售流程之設計要有邏輯性、有人性、有心理因素之考慮，以顧客需求拓大爲顧客利益，導入商品特性之順序來說明分析產品才有更佳的銷售績效。

除了先前邀請客戶來公司參加說明會之拉銷（pull）方式外，在推銷（push）上可以PAIDAS策略之順序爲準，加以發揮並配合促銷（promotion）之運用。

在設計說明流程之前，要先分析顧客的需求，有關顧客需求之利益、重點，及可能之反對意見之處理方法，可列表分析如下：

1.顧客的需求。

2.顧客的需求之利益及重點。

3.對顧客的利益。

4.利益的說明及舉例。

5.顧客可能之反對意見。

6.回答因應方式。

7.試探促成成交之方式。

8.成交之方式。

9.客戶購買及忠誠度，再推薦方式。

推銷的基本步驟在於接觸，說明商品利益，消除拒抗心理而達成長期購買效果。

在接觸、商談解說之過程中才能瞭解發掘顧客的實際需要及潛在需求。

顧客是在如何條件下才會採取購買行爲？他只考慮自己的因素或包含有其他人的因素在內？如何才能提升他的興趣？

針對推銷過程中其購買興趣之起伏，予以不同事前、事中、事後之設計，在事前獲得所有可能的情報上，如何加以處理，包裝設計；在評估此一潛在顧客時，設計以何爲重點；在找出購買者的購買動機、需求、興趣、偏好、慾望，及問題點後，設計如何因應；在確定顧客的反對意見後，設計如何處理，他才會滿意；設計有系統的推銷要點話術，在推銷過程中的每一步驟，如何使其滿意、安心、放心及愉快。及留有最後一步的利益於最後關頭才加以提出挽救或加速促成交易之達成。

使用恐懼訴求、地位肯定之訴求、實質效果之訴求或經濟因素之訴求，找出誘因運用其危機意識，改善現狀之慾望，怕喪失機會的需求，不落人後之個性……。導引至自己設計的結論，使其肯定你的說法。

推銷的流程設計須有完備的戰略觀、戰術、視野及戰法技巧的應用。有效運用理性、感性、邏輯、情緒、獨特口號及話術。才能發揮戰鬥力按計畫步驟導引客戶購買完約。整個推銷作業流程中任何一環皆是商品的一部分，當業績打不開時，則必須重新加以思考設計改變銷售方式及作業流程。

戰略的基本觀念即是「以什麼樣的定位步驟和方法，戰兵先勝而後求戰來求得勝利。」；戰術的方向即是「使附加價值富有獨特魄力及變化」；戰法的重點即法律不外人情，情理法兼顧，使其能在一作業系統化、標準化、流程化下自主性的加以認同。並綜合使用正面影響方式（您……）、側面影響方式（您家人……）、外圍影響方式（您的公司、朋友……），及反面影響方式（若不……，則……）來使其購買的機率提升。

性格因應策略

性格（personality）有先天的形成因素，也有後天從每一小動作形成習慣，再形成行爲，而養成性格的基本屬性。

瞭解一個人性格行爲的基本屬性則可針對不同性格類型予以適當轉化因應成爲符合其性格取向的正面因素而促使其採取購買行爲。

社會是個大教室、大實驗室，須要在此一環境中使自己人際關係成熟，待人接物上能滿足各種不同類型人格的複雜性及其不同的情緒反應。培養自己的優質生活哲學、工作態度、思考方式、精神風格及行事風範將各種不同的客戶當做自己的朋友去關心他，人的人緣與價值便是建立在此人際關係相處之上，故身爲一個推銷人員更不能不注重人情事理及各種處世之道。

人的性格是複雜的，情緒、心情也是複雜的，不同類型的人有不同樂於接受的方式及不同的購買習慣方式，運用信息推理技巧，讀懂客戶、瞭解客戶的性格，可針對不同之類型、動機、行爲、心理、文化差異予以靈活而不同地因應。

人性也有其相似的地方。可找出其共通點去除自己及客戶心中的小鬼，舉一反三、聞一知十，萬變不離其宗旨，善解人意，與客戶之價值判斷、思考模式、文化背景有一致性、相通性的作法，則便會與其認知標準訴求重點相去不遠矣！

推銷不外人情世故，個人個性、性格、人性的表現，在在影響客戶的購買行動。故身爲一個推銷人員不僅要訓練、培養自己有一成熟完整、美好的性格，也要瞭解客戶的各種不同性格取向。

一般言性格是受到遺傳、文化、家庭、社會及族群因素的交互影響而產生的。從性格分析（**psychograph**）可以瞭解判斷購買者行爲的許多心理決定要素。

性格分析通常也稱爲生活型態分析（**life style analysis**），在瞭解有關消費者生活方式及其行爲的方法上，有很大的幫助。

一般言有舊時代思想的人，其人格特質取向較認同權威，價值取向較一元化，強調傳統，較有耐性及人情味，較習於隱藏自己的情緒。而有新時代思潮的人，其人格取向較具批判精神，價值多元性、強調創新、樂於表達、缺乏耐性、情緒較直接、好自由、重實際。

通常我們也可把一般客戶分成如下之不同類型再予以不同方式因應之：

1.自負型：此類型的人喜人讚美，符合其自尊的需求，千萬別批評嘲笑他，多請教他的看法，多傾聽他的說法，軟化其立場。

2.謹慎型：此類型的客戶疑問特別多，要使他能充分信任您，多提示證據，引用專業話術，強調公信力、安全性。

3.社交型：此類型的客戶好交朋友，但不一定喜歡購買，可提前要求其購買瞭解其購買意願，勿浪費太多時間在無謂的閒談，強調重點主動權勿被對方掌控。

4.猶豫不決型：此類型人有時有興趣，有時又沒什麼大興趣，要掌握其情緒高昂時不使有空閒考慮再三重點突破，要不斷地暗示、明示、要求立即購買並強調是站在他的立場來考慮的。

5.貪小便宜型：此類型的人對價格、贈品、優惠特別敏銳，針對此方面予以彈性搭配組合克服之，可告訴他「我可是從來沒有以如此低的價錢賣過的喔！」、「遇到你，只好最便宜地賣了」。

6. 節省型：此類型的人花錢花在刀口上，且要有好的商品效益分析符合其利益之需求。

7. 沈默寡言型：單方面自行訴說效果較不易顯現，可找人與你搭配共同予以不同方式切入其重點訴求。

8. 理智好辯型：要以理性、數據、圖表分析評估予以取得理性上的認同，針對其重點需求予以理性、感性突破。

9. 知識廣博型：以客氣、禮貌、不卑不亢予以合理有效廣泛分析各角度的利益。

10. 善變型：容易決定也容易改變，以先收取足量訂金之方式予以克服。

11. 性急型：掌握重點、簡潔，取得信任爲主。

12. 疑心重型：可請其到公司會談或請主管出面，強調公信力，可靠性爲主。

13. 排他型：其論調強調他所認爲的其他商品服務比你所推銷的還要好，可用SWOT分析利弊得失及重點訴求感性配合方式說服。

14. 內向型：此類型的人易與相處但不易親近，爲人客觀與他人保持一定之距離，活在屬於自已世界裡的感覺，故要採取生動訴說之方式，配合詢問句使其發表其感受看法，不要過度熱情、注重心理感性情緒面之強化。

15.隨和型：此類型的人心胸較開闊，不要針對商品物質性予以先行導入，以朋友關係注意其情緒上之變化在其表現有較高商品興趣時，再切入商品話術，可要求其推薦客戶。

16.虛榮型：此類型的人較易矯柔做作、任性、自私、不接受他人忠告、我行我素、自我意識較強、喜惡較明顯，可針對其有興趣的事物談起，鼓勵其嘗試、介紹朋友、示範其影響力。

17.頑固型：此類型的人有先入為主，主觀意識非常狹窄，以自己的經驗與體會來判斷事物，可舉實例證明如統計及趨勢分析，用旁敲側擊的方法予以因應。

18.挑剔型：此類型客戶喜批評，喜找小缺點，喜挑毛病，一副要買的樣子，但如不符合其滿意度，尚會表現出不耐煩的臉色；要運用誠心與熱心主動有效說明分析一切好處。

19.冷淡型：態度冷淡，敷衍應付；以同情心同理心，儘可能以友善待之，以輕鬆的話題、方式，緩和其心理障礙，來從事推銷。

20.不定型：此類型的人缺乏主見，情緒看法易改變，沒有一定的見解，不易立即做決定，可設定推銷過程，使用多次拜訪之方式予以說明。

差異性分析策略

使用「商品比較表」凸顯自己獨特的最優勢的利基何在，可用SWOT（strength, weakness, opportunity, threat）利弊得失之分析，亦可比較購買前與購買後之差異性何在。可帶來何種利益及改變，能做結論強調之，展現優於其他商品服務的優越性。

可以強調的重點為可獲得之附加價值、樂趣何在。以需求為前提可提高生活上及事業上之品質及效用，強調機會難逢，很多識貨的人一次購買很多單位、數量，以取得更多的好處及利益，也可以印證過去之經驗事實、權威化的客觀評價以為例證，並提供具公信力的方式予以強調，在使用差異性分析時，可用文句、繪圖、圖解……之各種方式使之明白瞭解。

若不購買會產生何種情況，若購買後則會有何改變！一一列舉。

列表圖解之說明須在觀念上有邏輯感，幫客戶找出問題點、機會點、切入點及解決點，並幫他做決定，有效控制。

完整句策略

講話述說要講清楚完整，以免他人誤會或未能確實瞭解，可事前先準備好話術本及Q／A表，背誦演練完備後再行作業才能顯現績效能力，也才能表現出專業性，若語句含糊、抽象，則顯不出專業性。如「這個很好」到底好在哪裡，要詳細分析說明；「那個時候……」到底哪個時候要明確說明；「我認爲這個相當有經濟性」，到底有何經濟效益，須提出具體、數字證明之。

不用廢話，不用贅字，重點字句話術一定要強而有力表現出來。改掉不雅之口頭禪，並運用正反等分析法，說明要是購買則會……，要是不購買則會……，結合各種角度的說法及分析，使商談溝通表明的訊息能使買方正確、完整的獲得。也勿過度銷售，該省略的地方也必須省略，在完整句中，尚須注意多用正面字眼、標準句及專業術語及多用詢問句爲之配合。

在正確話術使用上，如使用「邀請會員」取代「我們是在賣（販售）會員卡」使用完整句，不遺露重要訊息能使客戶更能肯定您及您所提供推薦的商品、服務。

圖表表現策略

推銷是一種雙向溝通的科學，可運用文字、實物、圖片、色彩、味覺、視覺、聽覺、嗅覺、觸覺（觸感），傳達價値的印象，但語言文字，不若圖表、漫畫、圖像來得使人印象深、記憶長，心理學家指出，人們所感受到的印象中，約百分之八十七來自視覺，可見圖表表現方式之重要。

公司可製作完整的圖表圖片分析表格，推銷人員也可於表達時配合在紙上自行畫圖簡明表達，使客戶印象深、更易明瞭，如此的邊訴說邊示範並寫出，畫出可使客戶不僅聽到，且看到；在寫的時候或畫的時候在重點處也要特別標示或放大，予以強調。

使用圖表表現是一種說服力全方位的表現方式，配合有趣舉例具體分析，有效歸納簡單類比，完整流程架構清晰及數字明確表達，易使客戶肯定此項商品服務，不自覺地已認爲用起來要比看上去的好。推銷說明的目的不只解說商品服務之內容效益，重點還在有效激起客戶的購買慾，說得動聽配合看得動心及其他條件之整體搭配組合才易達成成交。

成交話術策略

成交是推銷過程之最重要的階段，沒有達成成交，則先前之準備努力及售後之服務及再推展，都成爲不實際的因素。可觀察判斷客戶有意購買之慾望大小，再予以重點、有技巧地促成交易。在促成成交方面的重點技巧有：嘗試以多次明示及暗示之方式提出簽約行動，別不好意思提出，不要放走了關鍵機會，平均要提出三次以上；以提出詢問句方式誘導，瞭解其不購買之理由，且向其保證強調現在立即購買對其最爲有利；以預收訂金之方式；以要求再推薦之方式；以主動向其握手、恭禧道謝並稱讚其眼光及決定之方式；以稱讚與其有關人士的眼光之方式，由其相關人士助你成交；以積極誘導之方式，語言誘導、行爲誘導、實物誘導、促銷贈品優惠誘導、試用試穿誘導、以權威人士之影響力爲誘導、以請主管高階人士出面爲誘導、以「這筆交易對你十分有利」爲誘導；以二擇一方式，由其主動在你所設限的範圍內做選擇，直接詢問：「要購買一單位或二單位」、「以現金或信用卡付款」、「今天送貨到府或明天」、……以假定已成交方式，借電話、告知公司處理方式、幫其安排購買後之必須細節、或向其借筆幫其填寫契約資料、或向其詢問相關資料內容之便填寫於契約上，使其默許默認交易已在進行中；以限制購買優惠時間促其提早購買，可告知近期就要漲價了，數量、名額有限，保留之期限有限，機會不再，機遇難求；先以小額成交，再促成大額成交之方式；以將其先前提出之問題、異議解決之道逐條訴說一遍之方式；以明確保證之方式；以大家都買了的方式，運用「大家都買了，你也該買」、「不買就會後悔，就落伍了」、「不發小錢，就會吃大虧」、「發小錢，賺大錢」之話術，要求其採取購買行動；告知會做好所有的售後服務，請求放心；可詢問其是否會購買其他公司之類似或替代性商品之方式；可要求其先行試用之方式；可強調這是最低價了，再降就虧本了，從來沒有賣過他人如此低的價格之方式；以事先預留降低價格空間之方式於最重要時機拿出預留之優惠條件之方式來促成成交。

將以上之方式加以搭配組合靈活運用，便可有效促成成交。

推斷承諾策略

在客戶情緒及認知上已有正面取向時，以預先設計的各種方式使其之回答皆爲正面的承諾。

如四問句：

(Do you like it?) 您喜歡此商品的效用嗎？

(Do you use it?) 您用得著嗎？

(Do you think it is better?) 您認爲此商品服務比其他廠牌的好嗎？

(If pay easily, do you want it?) 若付款輕鬆且負擔得起，您願意購買嗎？

如果客戶之回答均爲正面的，則可階段性地向其做報價。

另可代他做決定，「就這種款式好了，這種款式最適合您了……」；另可用二擇一法，促使其從所限制之範圍內做決定，做選擇。另可以主動的方式，在其不反對、默許下，幫他完成購買的行爲、幫他包裝、幫他填合約書……。

價值建立策略

商品整體的價值有三方面：有形的實體商品價值、商品所帶來的利益價值，及附加價值、心理價值。

只要能結合客戶需求與商品特點、利益認知及感性感覺，則「價值」便可建立；可由商品事實特點（fact）完整說明其利益之認知（benefit），誘導出感性感覺（view），便可塑造出「價值」。

例一：商業聯誼會

商品之事實特點（fact）	利益之認知（benefit）	感性感覺（view）
1.有室內溫水泳池	健身、溫水	星期日帶家人同來歡樂之景象。
2.地點方便	黃金地段、方便	不必花太多時間即可到達。
3.有停車場	停車容易、安全	不怕找不到停車位；若找不到停車位，將是個很難過的事。

4. 有日式懷石料理	日式風情、風味獨特	偶爾嚐嚐也不錯，口味清淡也可常吃。

例二：速食

商品之事實特點（fact）	利益之認知（benefit）	感性感覺（view）
1. 調理簡單	忙碌、沒時間煮正餐不諳烹調時可使用	輕鬆自在、恰意
2. 攜帶方便	隨時隨地方便使用	沒有負荷
3. 價格便宜	人人買得起	偶爾換個口味
4. 長期保存	可以貯存，隨時可用	沒有壓力
5. 購易簡易	晚歸，臨時皆可買得到	生活自由

另外在定位（position）上的改變也是建立價值的一種好方式。如「度假村分時（time share）所有權利」的旅遊方式，即可定位爲一種全新的度假方式，一種全新的生活價值觀，一種全新的國際公民觀，一種全新的以經濟方式享有高品質旅遊度假的觀念，一種最先進的分時所有權共有，使用權共享的方式。可輕鬆的帶給父母一個心情愉快的假期，帶給太太一個美好的回憶的相處品質，帶給孩子一個永難忘懷的童年回憶，帶給朋友一個睡不著覺的喜悅。

價值也是建立在理性與感性，有形與無形上的。有感性及無形之價值才易使客戶產生購買慾望，若不特別加以描繪，客戶是不會自動去想像感性及無形價值的景象的。以賣點拓大商品視野，拓大聯想效果，使感覺美好，畫面景象美好，則價值便可建立。

業務人員特質策略

推銷業務人員是面對市場的第一線人員，是提升企業競爭力最重要的一個層面。一個經組合過的商品及服務，皆須透過推銷業務人員將訊息正面地傳遞給客戶，滿足其需要，激起其需求，促使其心理上滿意、情緒上滿足。推銷業務是一種融合戰略、戰術、戰法的方式，是一種訊息的傳送，是一種溝通的過程，是一種說服的表現，是一種服務的表達，是一種滿足客戶各種不同需求之過程，是一種提供商品利益及附加價值的方式，是一種生活方式的體驗，是一種人情世故的藝術，也是一種自我管理、自我學習的提升方式。一般言推銷業務有公關型業務推展方式、廣告型、解說員型及行銷型之推展方式。可採用電話方式（tele-marketing）、信件方式（mail-marketing）、傳眞方式（fax-marketing）、主動拜訪方式、拉銷方式、合銷方式、傳銷方式、直銷方式、連鎖加盟方式、策略聯盟方式、門市方式、經銷方式、授權方式等。

業務績效的達成有賴業務人員成熟的特質、技巧及完美的人格，沒有感情是不會成為一流的業務人才的。「推銷員之死」也在於沒有完美的人格及成熟的特質與技巧，一個成熟的業務人員須有以下之人格特質條件：

1. 「勤」字訣，是最基本的條件，一勤天下無難事。
2. 「拜訪數×達成率＝業績績效」，拜訪數的量是基本條件，配合達成率的質，便可有好的績效。
3. 誠信，是業務人員第一守則，誠信原則是口碑產生的要素，也是待人處世、人情世故中心理面的基本要素。
4. 信心，有膽識、見識、見聞廣博，常自我教育、訓練、充實、準備、不鑽牛角尖，具有聰慧反應。
5. 專業，對自我定位及商品知識有專業素養，不斷充實相關常識、知識與學識，也瞭解市場架構、趨勢及競爭者情勢與動態。
6. 敬業、樂業。
7. 態度，高雅自然，不卑不亢，不慌張，不隨便，重視精神理念之意識與服務品質，使客戶能滿意滿足稱心安心爲重。

8.主動、熱忱、有禮、不敷衍是關鍵的態度表現。

9.外表，由於身體百分之九十由衣服所表現，故外表外觀之明朗、高雅、清爽、精神、端莊，可表現自己的格調與實力。研究服裝多年，不如立即行動好好提升自己形象與格調更重要。

10.讚美，常以話術稱讚他人之種種，並常送小禮物、紀念品，好的建議，有用的情報及重要的訊息。

11.銷售技巧，靈活通達人情事理及專業技巧，肢體語言的運用。

12.尊重客戶的立場、時間、身分並予以滿足。

13.使用正面的肯定性話術。

14.使用完整句，表達清楚。

15.使用專業術語，少用俗字。

16.使用正式的用語、用詞、語言。

17.重複強調優點好處，使其印象深刻。

18. 先禮貌寒暄套交情再切入主題，客戶才會接受你。
19. 配合其嗜好，投其所好，談其所喜歡關心的話題，客戶才會喜歡你。
20. 站在其立場考慮問題，不要一味述說商品，有時聽比說更重要。
21. 避免說同行、他人的壞話。
22. 客戶在忙時，避免介入，注意商談時機之切入點。
23. 使用情境塑造法，描述其購買後之理性、感性景象。
24. 用證人的意見及例子以爲助力。
25. 人緣好。
26. 親和力強。
27. 有樂觀進取心。
28. 熟練工作項目。
29. 反應敏捷。
30. 能提前完成工作或如期完成，不會再三催促再做。
31. 能舉一反三。

32. 應對得體。
33. 能謹言慎行。
34. 健康佳體能好。
35. 有活力，行動力快，執行力強，思考力細密，自動自發，不依賴，領悟力高。
36. 具熱忱。
37. 具說服力，表達能力、用詞遣字、音量咬字皆有水準。
38. 理智。
39. 具洞察力。
40. 具創造力。
41. 不欺騙、不自誇。
42. 生活規律，尊重客戶。
43. 對商品瞭解度夠。
44. 具工作熱忱，熱愛工作。
45. 瞭解客戶需求重點。

46.能肯定自我、自我期許。

47.有勇氣，面對高階人士能從容不慌。

48.會做長期的生涯規劃之準備。

49.負責任，不推諉。

50.與同仁相處融洽，能接受他人的優點，不搶他人客戶及業績。

業務人員最大的競爭對手是自己的心態、思維及行爲。路是人走出來的，很多大公司在錄取業務人員前須經嚴格的層層主管面試（個別式／集體式），及書面審查、體能、智力性向之測驗，以徹底瞭解應徵者有否好的能力、資質、特質及人格取向。因爲有好的能力、資質、特質及人格才能經訓練成爲好的業務人員，也才能給企業帶來好的績效。

富蘭克林曾列舉其成功的十三項因素，稱爲富蘭克林成功十三條件：謙遜、節制、公正、沈默、整齊、節儉、果斷、誠懇、清潔、勤奮、中庸、平靜與純潔。唯具有好的人格特質才能眞心關心公司、關心客戶，也才會有實際的績效。

曾有一老闆晚上睡覺時不敢將腳朝向其店的方向，因怕對客戶不禮貌，連在家裡都如此想，如此對客戶尊重與禮敬，此店的生意會不好嗎？

時時表現自己好的人格特質配合能力技巧，便是業務的坦途。以下再舉一成功業務人員的例子：

喬─吉拉德（Joe Girard）被金氏世界紀錄列為「世界最偉大業務員」。十五年業務生涯中以一對一方式個人共賣出一萬三千零一輛車，一天最高紀錄賣出六輛車，業績最好的一年賣出一千四百二十五輛車，十二年來無人能越過。

他說想當成功的業務員，祕訣只有一個字：「愛」。

他以高尚休閒的穿著方式，視客戶如朋友、兄妹。

他說他絕不說謊，說謊等於和客戶說再見，永遠別違反你對客戶的承諾，千萬別做個光說不作的人。

他說售後服務是下一次售前服務的開始，他認為人們一生不只需要一輛車，如果服務好，客戶永遠不會到別處去買，他們會回來找你，而且會告訴別人要買就找你。口碑效果來自於服務，使業績持續成長。

全美各地的人來找他，因為他們能獲得到希望和愛。感到被關懷，而非壓力，他們不是買車而是買你，他說他上的是街頭大學；一開始他靠電話簿拓展客源，只要有人接聽，他就記錄對方的各種細節、職業、嗜好等。曾有人用半年後才想買車來推託，半年後，他準時打電話給他。他常在公眾場合「撒」名片，曾在一周內用掉五百多張名片，只要有一張落在想買車的人手中，我的佣金就超過這些名片的成本了。

他成功的關鍵何在呢？

準備充分策略

一個成功的推銷人員於推銷前、推銷時及推銷後皆要有充分的準備，準備的功夫要徹底，事前資料的蒐集、模擬演練、角色扮演（role playing）演練，皆要熟練，有備而去。該帶的輔助用具、計算機、梳子、名片、筆、記事本、手帕、打火機、價目表、契約書、訂貨單、目錄、樣品……皆不要忘了。

有大量的事前準備工作，屆時將可輕鬆完約，林肯曾說過：「假如我有九小時去砍一棵樹，我會花六小時磨利斧頭。」

訪問前，對自我之儀容整肅、頭髮、皮鞋、穿著、精神之要求，也應注意。對商品知識之瞭解深入及判斷何種需求才足以激發客戶之購買慾望，商品對客戶有何效益？如何才能使其派上用場？商品之價值何在？價格上有何優勢？能否帶給客戶保障？……等等問題，皆要非常清楚並能舉一反三靈活運用。除對本公司商品服務之瞭解，對競爭者也應瞭解。對一般有關之法律知識、票據知識、業界之知識及一般常識皆要有所準備。

此外對於開場白的話術、有趣話題的準備等皆要在訪問事先先行備妥，對於顧客的分析也要詳盡。在說服技巧之訓練及收款技巧上、口才訓練上、自我激勵上，文書作業上等都要有事前的充分準備工作，在與客戶商談成交上才能發揮淋漓盡致，打出安打甚至全壘打。若準備不充分而前去拜訪客戶，將事倍功半甚至留給客戶不信任、不好的印象，而影響到契約的完成。

時間管理策略

一年三百六十五天：365×24=8,760小時；8,760×60=525,600分鐘，時間到底是什麼?其感覺又是什麼?每個人於每個不同時段對時間的感覺皆不同，有時「一日三秋」，感覺「日月如梭」，「光陰似箭」有若「白駒過隙」、「過隙難留」，有時又感覺「度日如年」。

時間是我們最好的朋友，也是我們最大的敵人，它走了還會再有，它有了也再追不回來了。

做推銷業務也要格外重視時間管理，以最少的時間發展，達到最大的業績績效。不要浪費不必要的時間在路程的無謂重複往返，有時可代以電話、信件、傳眞、E-mail來做連絡溝通。

在拜訪客戶時，可安排同一路線之客戶同一時段去拜訪。不要東跑一下，西繞一下。有效的時間管理，在銷售過程中尙要注意共花多少時間在商談上，時間就是金錢，效率就是金錢。提前十分鐘左右到達客戶處，略作最後準備，不要遲到，時間無法庫存，無法預支，要守時及時、準時，也不要在客戶無準備、無預期或忙碌的時候拜訪他。

業務人員以外勤作業爲主，不要占太多的時間於行政作業上，在公司開會、聊天、寫報表的時間儘可能縮短，九點半之前即應出門去拜訪客戶，增取時間取得最大績效。日本松下電器曾有一項運動——「920運動」即業務人員必須在九點就開始拜訪二十位客戶，善用時間，造就了松下的業績。

$$\text{價值工程（value engineering）} = \frac{\text{F（function）機能、效果、成效}}{\text{C（cost）時間成本、人力成本、物力成本}}$$

可知時間管理得當不僅拓大績效也能節省成本，在時間管理上，可分析時間耗用之各項目，以檢討一下自己使用時間是否有浪費？是否有效用？再加以分析評估與改進改善。

另外在外勤時間與內勤時間上之所占比例也應加以檢討改善。

在外勤時間耗用上：路線是否集中、有否必須親往、有否事先確認時間、有否順路拜訪等。

在內勤時間耗用上：有否簡化表格塡寫、會議是否有效、是否浪費時間、能否使用電話、傳眞、信件、E-mail代替外出拜訪等。

若加以檢討評估後能將實際面對客戶商談的時間予以增加，一般無謂的時間能減少，則時間管理的效益便可展現出業務績效將會更傑出。

如原先作業的各項目時間分配爲：服務一〇%；等待十五%；面對客戶商談三十三%；午餐二十二%；交通二〇%。

檢討調整後爲：服務一〇%；等待一〇%；面對客戶商談四〇%；午餐二十二%；交通二十一%。

則面對客戶商談的時間增加了，多等待的時間減少了。績效將更能表現出來。

研判策略

「知風草」據說在大風將起前，會自行先搖晃；一個推銷業務人員也要有研判的能力，要研判客戶心理在盤算些什麼？價格因素？付款條件？公信力因素？……客戶有沒有購買能力？有無決策決定權或影響力？有無購買需求及興趣？有何購買動機？此外對客戶之類型、性格、肢體表達、服飾、造型、可能購買的金額及時間，也要有所研判。客戶的價值觀爲何？其情緒感覺如何？其態度的轉變如何？皆要有所研判以利推銷的進行。針對所研判的訊息，予以滿足即易達到好的效果。

贈品策略

贈品是個小小的心意，禮輕但情義重，使客戶心情感覺很好很受用最重要。在贈與時機上「P. E. T.」即與商戶面對面商談時（please），對客戶有服務解說不全然周到時（excuse）及感謝客戶購買時（thank）皆可使用贈品法則。另外逢年過節、民俗節慶、公司重要節日……皆是可考慮的適當時機。

贈品的選擇與設計要有所講究，其意義性、實用性、受喜愛度、高貴性，皆直接或間接地影響客戶的心理感受及影響客戶的購買慾望。樣品、複製之名畫、故宮文物、書籤……皆是很好的贈品。贈品有有形的價格及無形的價值，有創意能吸引人的贈品，易使人激起其購買商品的慾望。

贈品可以縮短彼此心理上之距離，在贈品上可加印企業識別名稱、地址、電話……等資料，以供其能長期記憶而保持往來。善用給與取的關係，略施小惠，禮多人不怪，在贈與贈品上之技巧也要思考設計，使之印象長留，如可將贈品券放置於紅包袋中贈送，或特別吸引人的包裝內，在贈品內容上可視實際情況分成不同之等級。

有用資料訊息的告知也可視為一種無形的贈品。贈品有時是買賣商業習慣中的一環，也是促銷的一種手段，一般常見買鞋子皆不忘贈送一雙額外的鞋帶，贈品策略已然形成為買賣關係中重要的一環。

再推薦策略

在與客戶商談，培養良好溝通來往之氣氛時，不論客戶有無採取購買行爲，皆必須要求其推薦有希望之潛在客戶，但不要忘了適時、適切的予以回饋此一情義。若表現的精神、能力獲得肯定與好的口碑印象，則此一要求不難獲得回應。再推薦也是一種很好的客源力量。不要忘了向客戶要求再推薦。

服裝表現策略

外在的儀表是一種無聲的語言，人體外在百分之九十由服飾表現，給人的印象是一種註冊商標，而一個推銷業務人員也只有一次的機會去製造第一印象，所以一個推銷業務人員在服裝外在之表現上，須格外注意，善於表現。

得體適合之服飾配件與優雅禮貌的舉止能贏得客戶的信任及好印象。服裝儀表要有格調品味，使客戶對你有特別深刻甚至敬仰的印象，在先進國家，注重形象。服裝被視爲一種正式的禮節禮貌，其能產生客戶對你的重視，使自己的氣勢提升，在很多大的傳銷公司的大會上，傳銷商們的服飾皆非常大方亮麗高級得體，使一般人喜易與其接近及產生好感羨慕甚至敬佩。

外在服裝除了乾淨、整潔、高雅大方之外，款式、質料、質感也很重要，要有好的業績是要先行投資的，趕快去購買一套較正式高雅明亮的服裝吧！

外在的「相」會帶給人不同的影響力量；禮儀三百，威儀三千，日本有一俗語謂「醫生的正門，律師的客廳」，醫生的正門有其醫德醫術的表現配合其白色的長袍，給人專業度高的感覺。律師的客廳也設計得古典高雅給人專業公平的感覺，增加客戶的信心。其出法庭的服裝也有一定的方式，更給人有信賴的感受。平常在服裝及一切外表的表現培養上，即應予注意。站如松、行如風、坐如鐘，可塑造自己爲一成功高能力的形象，外表表現你的層次、涵養，若隨便穿，客戶就隨便聽，盛裝而來，他就會洗耳恭聽，若能接受較正式完整的禮儀美姿訓練更好。整體好的態度、打扮、舉止、語調、氣質、教養、品德、魄力、感性肢體語言……之自然表現會產生更大的說服力及影響力。

服裝表現除了考慮其大小、年齡、性別、地理、種族、社會經濟情況、商品差異及職業導向之外，顏色色系的表現也是其中重要的一環。一般而言，不同的顏色，有其不同的色彩聯想效果與意義。

1. 紅色代表：熱情、進取、勇敢、外向、健康、樂觀。
2. 橙色代表：熾烈、快樂、進步、煩悶、熱衷、虛詐、高貴、理想、永恆、光明、活潑、貪戀。

3.綠色代表：和平、希望、信心、忠貞、平衡、青春。

4.藍色代表：和平、眞誠、高貴、容忍、憂鬱、靈性。

5.紫色代表：優美、華麗、嬌艷、神秘、權威、悲傷。

6.白色代表：崇高、純潔、神聖、善良、樸素、信仰。

7.灰色代表：穩定、誠實、溫和、平凡、幽默、蒼老。

8.黑色代表：嚴肅、沈默、黯淡、神秘、痛苦、恐怖。

另外在配合服裝上及外觀動作上尙要注意以下之事項：

頭髮太長嗎？亂嗎？有無清潔？鬍鬚刮乾淨了沒有？牙齒有無潔白、有無牙垢、菸垢、菸味、口臭，指甲太長嗎？有無污垢？襯衫有無平整、污點、挺直嗎？袖口髒嗎？領帶結正嗎？顏色、圖形好看嗎？手帕乾淨嗎？鈕釦有無缺少？褲子皺嗎？筆挺嗎？襪子顏色？鞋子擦亮了嗎？有無挖鼻孔、抖腳、騷頭之不雅習慣？

女性打扮上指甲油、裙長、絲襪、皮包、戒子、配飾、項練方面更要注意，得體高雅，自然大方即是美，高雅品味即是好。

座位策略

商談時座位的安排得宜與否會影響到雙方心理距離的不同感受，每個人皆有其空間上的意識。拉近彼此的距離產生親切感，產生良好商談氣氛、情緒與效用以助於銷售的順利完成是座位安排的目的。

一般言人的空間意識，在與群眾關係的距離上，通常保持了六十公分以上；與一般人群關係的距離爲一百五十~三百六十公分；與個體上之距離爲四十五~一百五十公分；與親友間之關係上通常保持四十五公分左右的距離。

注意自己的座位位置，若商談地點爲自己的公司內則宜安排客戶坐於背對著門口坐，使其不致分散注意力而無法專心聽您的解說。坐姿宜端莊平正，不要太過拘束，手平放在兩腿上，坐滿整個椅子，可稍前坐或前傾以表示敬意。兩膝間勿張開過多，保持約一個拳頭的距離即可，不特別要求雙腿一定要併攏，二腳跟保持適當得體之距離。交談時，姿勢可稍微右轉，以身體左側對著對方左側，以產生易於接近親近的效果，視線不可東張西望，以自然親切禮貌之態度正視對方的眼睛或鼻子處。

若拜訪地點為客戶的家中，更要嚴謹、謹慎。雖客戶禮貌熱情，仍不可將其視為在自己家中，更要嚴肅待人不可隨意。最好不要借用其化妝室或使用其私人之物，當其有電話進來時，不要注視其談話，而應將頭偏離電話機一些，也勿東張西望以使其對你能產生持續的好印象。

若交談是站立的則儘可能站在其左邊，正對其心臟部位，使其感覺有點壓迫感，易掌握主動，有效控制情勢。座位之安排原則宜遵守尊卑之座位順序，及彼此能有效溝通為前提。若是夫妻或男女朋友同行前去貴公司商談，若您是男性則應與男士坐在較接近的位置，若您是女性則應與女性坐在較接近的位置，但須同時照顧到雙方，避免另一方的意見受到忽視，可不時以眼睛望望男方，再望望女方，不要只針對某一方而談。且可另行安排一張椅子於女方旁邊供其二人放置衣物皮包……以使其能放鬆之心情專注聽您的解說。

另外在座位安排上尚有一種稱為「ABC共同銷售法」即是找一位協助您銷售的人，此人最好是產品體驗者或介紹人。

A爲業務推銷人員。

B爲產品體驗者或介紹人。

C爲客戶。

由於B是較客觀的人或與C是較熟朋友的人，故由B協助您（A）與C（客戶）做溝通，商談氣氛上會較融洽，B的位置安排最好與C較爲接近，使C認爲其是站在自己一方的人。

證人口碑策略

以使用過的客戶爲例，向潛在顧客訴說其使用過後的實際例子，以取得更大的信任度。

可用證人的信件文書、錄成影帶或親臨現場之各種方式，若是使用推薦函之類的文書，可用螢光筆在重點處加以標示以突顯特別重要的利益何在；也可舉名人的看法、建議、案例作爲說明，其公信力將更強。

公信力策略

推銷過程中可使用各種「證據」以支持您所訴說的各項論點、解說，以建立「公信力」去除客戶心中的各種疑慮因素。

產生公信力可訴求使用權威之推崇性文字、良好之企業形象、正面的報章、雜誌、新聞之報導或專訪、見證人、名人的推薦信函、政府圖表數據文件、有名的愛用者、使用者之名單照片、文件及口碑，與類似商品之比較分析之得失利弊，及示範展示……等。

情緒感染策略

凡人皆有情緒，一時的情緒好壞，有無產生購買慾求，皆會影響推銷之績效成果。善用情緒感染策略，使顧客處於參與一個愉快的購買氣氛之中，以促使其採取行爲進行購買。以賦予商品生命力，好的形象、視覺、聽覺、感覺的情緒激勵，而使顧客產生情緒性、感性的購買動機。也可以運用音調聲韻的抑揚頓挫予以強調性之方式；以問問題引導之方式；安排自己人當場訂購購買，製造熱絡的氣氛，帶動買氣；以有形的禮物、紀念品、資訊或無形的讚美、感受、親切感以吸引顧客產生興趣；以傑出、完整、精確的正面思考模式及逆向思考方式之表達；以「大家都買了」、「一定要買」、「絕對要買」配合舉例示範、演練強化，強調購買之必要性何在；略施小惠；切中客戶需求重點；常讚美微笑……皆是很好的情緒感染方式。微笑也是一種很好的正面情緒感染方式，「微笑是最好的藥方」、「幸福降臨在微笑者身上」、「笑能帶來好運」、「善意的笑，經常微笑，會使人感到年輕」、「笑口常開，有若彌勒佛般地，能招財進寶帶來吉祥」。

打鐵要趁熱，趁著顧客購買情緒良好時，可要求其先付訂金之方式，以免其過幾天又情緒減低後悔要再多考慮之情事發生，訂金收得少也會有產生反悔之情形發生。

權威人士策略

運用權威人士之影響，如以董事會名義邀請之方式，或由高級主管出面會見之方式，皆會影響顧客，使其產生信賴感、榮譽感、受重視感。

也可訴求爲「您是從眾多有條件選擇中選出來邀請之對象」、「您將成爲眾人羨慕的對象」……，使其產生被重視有權威的感受。

恐懼訴求策略

恐懼訴求不僅爲一種假設性的未來情境，且可能會產生之情境，用以強調性地告知顧客，使其瞭解後果之情形，對其不利之狀況，而使其對未來有所顧慮而產生現在即須購買之慾求。使顧客害怕未來之損失及產生之不利情形，使其有害怕失去大過想要得到的印象、感覺。亦可強調這項商品之重要功能，若不購買，將產生何種不利之情形詳細地列舉，並塑造可怕恐懼之情境，而使其產生即時購買之慾求。

人的一生中有以下令人擔心的風險：

1.父母養育的回饋。
2.保護家庭的責任。
3.子女的教育費用。
4.疾病的醫療費用。

5. 癌症和惡疾威脅。
6. 壯志未酬留下債務。
7. 意外傷殘收入中斷。
8. 退休後的養老費用。
9. 人生死亡的費用。

掃街推銷策略

路是人走出來的；沿街對商業大樓逐棟逐層的去拜訪，先坐電梯到最頂層再走樓梯逐層下來，才不會太累。先到總機處，可備有小紀念品，禮貌地介紹來意，請教其公司董事長、總經理、高級主管或某特定部門主管之姓氏大名，當場寫在目錄簡介上，煩請其遞送，並向其索取公司名片，或自行用白紙抄錄公司名稱、地址、電話、姓名、資料，以便回公司後打電話向所遞送資料之人士說明，並請求撥冗賜見。

掃街推銷事先要先瞭解交通路線、門牌號碼狀況，依次序拜訪，以節省時間、體力，走路可由單號門牌前進，再由雙號門牌返回自己的停車處。

可到書店購買街道地圖以方便作業。

此種作業方式，可在短時間內，拜訪多量的客戶，公司亦可依此集體作業，用一輛車載多個業務人員到某一定點，分頭去拜訪，約定時間再到原先地點集合會面。

此種作業方式屬「陌生拜訪」，除掃街走動式拜訪，亦可在某一熱鬧定點用問卷方式取得潛在客戶資料，再予以電話連絡約訪。

凡此作業只要事先預作規劃，做好布網、收網、再布網、再收網之工作，必能有效達成業務績效。

名單名錄策略

發掘潛在客戶層，對業務推展是很有幫助的，其中，可蒐集各種名單名錄，再予以篩選，選擇適當的目標客戶層去開發。可以對名單名錄上的潛在客戶群予以電話開發、信件開發、傳真開發、派報開發、使用Internet或直接拜訪之方式進行。

如何去蒐集各式各樣的名單名錄呢？有以下之方向供參考：

1.善用電話簿（yellow pages）。

2.世貿中心每期之展覽。

如需資料或確認檔期，請電洽：（○二）二七二五一一一一

3.使用Internet

除了自用電腦上網之Internet之外，政府亦有架設公用免費上網之Internet，在以下之地點：台北車站、國立故宮博物院、歷史博物館、國父紀念館、台北市立圖書館、台北市社教

館、資訊科學展示中心、台北縣立文化中心、宜蘭縣立文化中心圖書館、台中市立文化中心、彰化縣政府、高雄市立美術館等。

4.專門出售工商名錄之公司行號

泛亞國際公司；工商名錄出版社；中華徵信社；外貿協會圖書資料室；開發電腦資料用品社；日盛資訊電腦公司；士通行銷資訊；天羅地網公司；精準名單仲介公司；宏宇資訊公司；秀林資訊電子公司；文筆貿易雜誌社……。

有了名單名錄後，可找工讀生或派報公司予以發送，派報公司有：

良友派報社；達訊捷郵；美景公司……。至於Fax，可向電信局申請裝設自動存轉多址傳送系統，或洽數據通信所企劃室，以自動大量傳送之方式省去人工耗時之方法。

6W／3H策略

分析顧客購買之因素有6W／3H之重點方向：

傳統6W爲when／where／who／which／why／what；除此尚有其他之W可供參考運用：

when何時購買：季節性購買、優惠打折時、年節時、淡季便宜時、剛發薪水時……。

where何處購買：有無便利性，通路爲何，可否用郵購，有否送到家之服務，顧客在哪裡？……。

who何人購買：男性購買、女主人購買、年輕人購買、小孩子購買、最後決定權爲誰？何人有大的影響力……。

which何項購買：商品有無分等級、何種顏色、何種款式較熱門……。

why何因購買：購買的動機爲何？爲何購買？爲何不購買？……。

what購買什麼內容：朋友介紹？自己拜訪？他人推薦？看廣告自行前來購買？顧客需求之內容條件爲何……。

wage何價購買：其支付能力，能否輕鬆付擔得起，購買力如何……。

waive爲何不購買：顧客不購買之因素爲何……。

wait爲何不即時當日即行購買：爲何不即時購買？爲何要等待他日才購買？……。

want何種需要：顧客的主要需求爲何？有否欠缺？……。

warm：有否先套交情熱絡一下後才談及商品？有否給客戶足夠的溫暖感？……。

warrant：有否提供足夠之權威文件，正當理由促使顧客購買……。

way：購買之動線規劃有否洽當……。

weapon：有否提供足夠的武器、子彈給業務人員……。

wear：服裝外表配飾有否得體，給顧客良好印象……。

weary：有否會令顧客厭煩您推銷的方式、態度……。

web：業務人員、布網、收網之動作，階段是否適當……。

welcome：業務人員整體表現有否受顧客的歡迎……。

welfare：商品能帶給顧客哪些幸福、福利……。

whatever：分析顧客會做何種程度、何種種類、項目之購量……。

whip：有否適當鞭策顧客購買……。

win-win：有否做到與顧客雙贏之情況……。

witness：有否見證人可做見證說明……。

word：使用的文字、字語是否能吸引顧客，是否夠專業……。

worth：有否將商品之價值感表達出來，是否能使顧客感受到購買是值得的，是物超所值的。

write：有否邊說邊寫以使顧客更清楚明瞭、印象深刻……。

wrong：有否使用不正當、不道德之方式對待顧客……。

傳統3H爲how／how much／how many；除此尚有其他之H可做參考：

how：如何購買，使用信用卡、現金、支票預付訂金或分期付款之方式……。

how much：購買金額如何……。

how many：購買數量爲何……。

habit：購買習慣爲何……。

hallo：有否先道「哈囉」親切問候，有禮地寒暄問好……。

happy：有否使顧客在購買過程中感覺愉快、快樂……。

harmony：有否與顧客相處格外和諧和睦……。

harvest：有否注重收獲、收網、行動的結果，不要只會說明，不懂如何做最後的收割動作……。

haste：有否與顧客商談太過匆促、匆忙，訓練是否充分、資料是否完整……。

health：身體健康體力情形是否良好……。

hear：聲調是否能使顧客聽得清楚、聽得悅耳……。

help：有否以朋友之態度來幫忙顧客解決任何購買上之問題……。

hint：有否適當隨時暗示，提示顧客商品之利益，促使其採取購買行動……。

history：有否瞭解公司之歷史，過濾以往業務作業之好壞經驗……。

home：有否使顧客有如「賓至如歸」的美好感受……。

honest：有否忠實、誠實地對待顧客……。

honor：有否以尊敬的態度、行動對待顧客，使其有尊崇感……。

horror：有否使用恐懼訴求，促使顧客購買以對其有益……。

humble：有否以謙虛的態度對待顧客……。

humor：有否使用幽默的態度與顧客相處……。

hundred：有否說明百分之百的事實，告知顧客……。

應用購買訊號策略

當客戶有些許意思或較明顯意願想購買時，在身體上的舉動或言語上的措詞會透露一些訊息，要透視此一購買訊號的表露立即導引（點飲料、詢問句、稱讚、小好處……。）促使其下決定採取購買行動。

購買訊號約有下列情形：

1.拿起樣本，深思考慮詢問或同時拿幾個商品，相互比較。

2.準顧客專心研究產品樣品或有關的銷售資料。

3.準顧客開始在草稿紙上進行計算的工作。

4.瞳孔放大，突然改變先前之態度。

5.身體前傾表現有興趣狀。

6.動手瞭解實物，端詳有無瑕疵。

7. 準顧客以點頭表示同意的信號。
8. 準顧客臉上的表情變得更能接受。
9. 準顧客取下他或她的眼鏡，然後舒適地坐回椅子上去。
10. 準顧客顯得很輕鬆，專心聽你的推銷訊息。
11. 詢問其他款式、條件、功能、附件、贈品……。
12. 要求帶實品來看或要求參觀公司工廠。
13. 話題投機，詢問你私人問題。
14. 重複詢問先前說明過的資訊。
15. 詢問他人購買後情形。
16. 詢問付款方式細節、交貨時間、售後服務、公司背景、信用方式。
17. 與他人商量討論。
18. 要求價格上讓步或優惠、折扣。
19. 準顧客拿出支票簿或信用卡。
20. 表示肯定的態度。

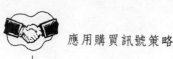

此時您可以以反問詢問的方式，再配合正面強調回答的方式。一方面讓他回答他所需要購買的明確細節再予以肯定它。

心理建設策略：

美國推銷員協會曾做過一項調查研究，結果顯示：

1.百分之八十銷售成功是拜訪五次以上達成的。

2.百分之四十八的推銷員常只拜訪一次後，便無繼續拜訪再次突破之情形。

3.百分之二十五的推銷員拜訪二次後即放棄此一客戶。

4.百分之十二的推銷員拜訪三次後即放棄此一客戶。

5.百分之五的推銷員拜訪四次後即放棄此一客戶。

6.百分之十的推銷員有拜訪四次以上之精神。

此研究結果顯示勤學訣之重要，不要輕易放棄已鎖定的客戶，也不要只知布網，拙於收網。

勤於開發客戶也要勤於與舊客戶及拜訪過尚未成交之客戶，保持連絡。客戶是一直累積的，舊客戶會推薦新客戶給你。若你的表現好、服務好，舊客戶以後要換新商品仍會再找你。在銷售進展中之各階段的心理建設都必須強而有力，以樂觀、達觀之心態用愛及熱忱勤勉對待您的舊客戶、拜訪過尚未成交的客戶及新的客戶。

業務人員的心理建設及其情緒、認知對工作績效是有很大的影響的。在客觀上，公司提供之待遇、福利、保障、佣金比率及主管對待公不公平，有無搶功勞、搶業績……皆會影響其心理情緒及工作態度。在主觀上，要培養、鍛鍊成熟的人格及溝通的人際應對進退方式及個性，先友後銷、邊友邊銷，有推才會銷，有拉才能銷，要隨時具有活力，有活力才會努力，有努力才會盡力，有盡力才會投入，有投入才會深入，有深入才會專心，有專心才會有專業，有專業才能成爲專家，成爲專家才會有績效。

社會是個大實驗教室，是一個可以免費學習、塑造自我的一個園地，不僅要瞭解客戶的心理，也要建設好自己的心理，敬業才會樂業，付出才會成長，磨練才會熟練，賺錢有快樂無限的態度，歡喜與人爲善，才是正面快樂的心理建設之道。具有人性心理的推銷方式，教育您的客戶，使其購買行爲具有意義，要有一切歸零的心態，把自我及客戶的心理障礙排除掉，有賴不斷的自我心理建設之培養及塑造。

理性思維策略

客戶是靠視覺、聽覺、觸覺、嗅覺、味覺、感覺綜合的來接觸外界的訊息；其中理性思維判斷，占有很重要的影響力；可以從各個角度促使客戶對其最關心的問題產生興趣及理性思維判斷做決定，才會達到促使客戶採取購買行爲的效果。

針對顧客理性思維方面之切入重點爲概念明確化、定義完整化、結構流程化、判斷邏輯化、推理步驟化、歸納分析化、證明表現化及資料充足化。

邏輯是理性思維判斷中的關鍵，表現的邏輯正確及針對顧客思維判斷的邏輯方向正確，二者配合則易與顧客相契應使其認同您的訴說。

邏輯有四大定律：

1.同一律：「A」就是「A」，不會是「B」。

2.矛盾律：任何一事物有同一性也同時有差異性，同一標的，在同一時間、同一關係下不能具有二種互相矛盾的性質。即「A」與「非A」之關係在此前提下是不相等的。

3.排中律：任何一事物皆有同一性也同時有差異性。

4.充足理由律：有因即有果。

周密的邏輯才有充分的說服力。

可以用充足理由律說明同一律，配合逆向反面的矛盾律補充，再以排中律做結論。

任何商品皆可以針對顧客七大利益、好處，給其多種而非單一組合的邏輯上之利益好處，以符合其理性思維價值判斷上之最大需求。

1.安全上之需要的邏輯。

2.效能上之需要的邏輯。

3.外觀上之需要的邏輯。

4.尊榮上之需要的邏輯。

5.舒適上之需要的邏輯。

6.耐久上之需要的邏輯。

7.財務上付擔得起之邏輯。

運用理性思維邏輯之說法配合感性情境塑造，使顧客察覺到購買此一特定商品的重要性。

使其在目前的條件下，認知擁有不足，感覺購買此商品將來可以擁有更美好。

感性情緒策略

在全方位推銷技巧中，感性情緒之心理推銷法，是一種很有吸引力的方式。不斷的情緒感性的激發使其產生購買需求，運用想像力、創造力幫顧客得到其想要的情境，很多情形下光靠理性思維是不足以促使顧客即時就採取購買行爲的，要配合情緒的感受，才可使其受制於即時的購買氣氛之情緒支配而採取購買行動。

如房屋仲介者，針對一對夫妻的看法；男主人認爲客廳太大、廚房太小，但女主人喜歡庭園上的老樹，此一業務人員即可告訴二者，「雖然……但是從客廳可以看到庭園上美麗的花樹，從廚房也可以看到此一美好的景色，使您坐在客廳時可以……在廚房煮飯炒菜時可以……。」使其感受另有一番不同的吸引力。

氣氛的塑造可以促使顧客產生不同的感受及認知，而產生購買的喜悅。無形的力量，可同時在很多方面予以表達使其感受到，而認知到。在企業定位、理念、形象、廣告、公關上……皆可予以表達運用……。

情緒的掌握也是很重要的，人都有情緒，有感覺，能認知，牛排不只要靠上好的牛肉，且要行銷燒牛排時的「滋滋」響聲，此時顧客一聽到即會覺得肚子餓，而很想去吃此一牛排。

在大飯店裡，菜單上的名稱也都使用得很有感性，而使人很想去嚐一嚐。

負擔得起策略

價格是傳統行銷四P〔商品（product）／訂價（price）／通路（place）／促銷（promotion）〕中很重要的一環。行銷不只談及傳統上講的四P，「須」拓及整個「P理論」才夠完整的來論述整個行銷及管理的領域。（M理論或其他英文字母開頭的理論皆不足以完整地來論述之。）

其中價格，訂價政策要能使目標客戶層負擔得起（afford），且能付得輕鬆爲原則。如此才能促使潛在顧客採取購買行爲。

可以幫顧客規劃合理的付款條件，將價格分級以供其選擇適合其購買能力的方案，幫他建議如何取得利息低的貸款，幫他計算利息及稅金，幫他建議與何人可共同分擔此一價錢以共享之，幫他分析財務細分法，一天只要付○○小金額即能帶來的財務效益，幫他分析節流即是開源的另一種方式，幫他設計合理的交易條件及多種付款方式，可分期、可年繳、可季繳、可月繳、可一次付清以供其選擇。幫他組合購買之內容，使其買得輕鬆、用得舒服。

以上之數字分析最好能用圖表清楚表達。

價格付擔得起原則即是提供顧客在價格問題方面之各種解決良策。

推銷競爭力／生產力策略

業務競爭力、生產力是需要講求最新、最好的管理方法、作業方式，以使績效得以顯現；數字會說話，公司業務的戰鬥力是業務人員素質乘以拜訪客戶次數，除了拜訪次數之外，達成率也是評估有無生產力、競爭力、戰鬥力之因素。

投入與產出之關係如何，在作業上有無良好之時間管理、距離管理、人員管理、文件管理；一個業務人員一個月平均上幾天班，共花多少小時在拜訪客戶上，可拜訪多少位，文件、表格、報表是否有標準化、簡單化、規格化、合理化、填寫是否方便省時。

有競爭力才有生產力，並不是要使用蠻力。而是要懂得方法，不斷地從外界之企管教育單位尋找好的教育方式以教育業務人員有高的競爭力，而產生好的生產力是要去嘗試努力的。可從電話簿中找尋有關的企管顧問公司以協助提升貴公司的推銷競爭力及生產力。

專業能力策略

推銷人員必須具有專業的知識及形象。對公司、商品、競爭者、市場及一般商業概況皆要有相當的專業知識及專業上的形象。有專業知識才有專業形象。

專業要不斷的投入，累積才得以表現出來。全心投入，才會有新的感受、新的感覺出來，才有專業的感受（sense）。

專業不是只靠耍嘴皮的買賣，要靠有素養的技巧，推銷是從被拒絕的那一刻開始，解說員只是負責解說詳盡的工作而推銷人員尚要有良好的專業推銷溝通技能才足以面對複雜市場各種人、事、物的對待溝通關係。

推銷專業技巧講求在「人」方面有能力、能勝任（efficiency）及在「事」上之程度上表現出來的效果（effectiveness）。不只在ＩＱ上的著重，在ＥＱ（情緒管理）上之與人對待相處更要重視，此外在外觀儀表上、言語用詞上、口氣心態上、知識行動上、配備表達上皆要有所素養。把心態歸零，注入專業的生命力，使用「企劃×行銷」的力量則"what you want, what you get, what you successful"。

一個成功的業務推銷人員在專業形象上必須具備下列條件：

1.專業知識

本公司及商品的專業知識、競爭公司及其商品的知識、市場業界的知識、專業用語、術語、法律知識、票據知識、經濟產業知識、一般社會人情世故的知識……。

每一族群客戶有不同之習性、想法及不同之行話、專業用語，在行銷學上有市場區隔化（market segmentation）：在推銷學上有垂直推銷化（verticality selling）的作法。

在國外有把業務代表垂直區分（verticalized）化，加以行業別訓練，針對不同市場有所謂「GEM推銷員」即專門負責政府、教育及醫藥市場的推銷。及「ACE推銷員」即專門負責建築、建設及工程市場的推銷之情形……。

如此專業化業務員才能與客戶「唱同樣的歌，說同樣的話」（sing the some melody, speak the same language）。

有專業的表現客戶對您的信賴感才會自然的擁有。您才擁有強的「銷售力」。

2.態度要贏得客戶信任之條件，在心態、態度上，要有成熟完美的人格，使心態歸零不要給客戶有很強的壓迫感。

攻心爲上，使自己的形象印象常留客戶美好回憶。以基本面的投資心態而非以一時僥倖的投機心態，對待您的客戶，要知道客戶的問題出在哪裡，以良好正確態度、心態幫他解決。培養專業高雅的EQ能力與之爲善，有良好的專業形象及個人心態，有控制時間及行爲的心態及有進修上進的心態。

3.專業技巧

各種推銷的專業技巧，先使客戶愉快地相信再說服他購買，使用專業正式的術語用詞少用俗字，如用「銷售商品」取代「賣東西」之用法：「邀請入會」取代「販售會員證」之說法。此外在市調技巧、開發技巧、說服技巧、結案成交技巧、收款技巧上皆要具有專業的技巧能力。

顧問助理策略

以客戶之諮詢顧問或助理之立場爲其做購買規劃，而非只是一味想推銷想販售商品給客戶而已。爲客戶的利益著想，站在客戶那一邊幫他做最佳的抉擇。銷售是一種溝通，有溝有通，也是一種教育。銷售是一種三贏的哲學，好的銷售嘉惠了公司、客戶、自己三方面，達成三贏的局面。只要自己的銷售觀念正確，即可成就一個不同的您。心理醫師教人如何重新面對自我，而銷售人員教客戶如何重新面對正確的購買觀念。不可以「硬賣」，不顧客戶的反應、想法、心理，只單方面訴說，也不要像解說員方式，沒有完整的推銷能力技巧。幫助客戶得到眞正想要得到的東西。推銷即是教導，幫助客戶做有利的選擇與抉擇，分享客戶的快樂，因爲分擔的痛苦是一半的痛苦，分享的快樂是雙倍的快樂，推銷人員不要爲推銷而推銷，而是在與客戶分享商品所帶來的喜悅與快樂。

告訴客戶會爲他爭取更多的好處、特別、額外的利益，幫他規劃預算及購買後之生涯、付款條件方式，使其能經鬆擁有，不要給客戶只想賺他的錢的印象。態度上要像在討論，有時聽比說更重要，而非單方面給客戶壓力、強勢、強迫；難道您不覺得基於您最大的利益，請給我一個機會幫您如何做最正確的購買選擇嗎？

有人說美國是由推銷員所發現的，那滔滔不絕的推銷說服長才，才得以使西班牙皇室支持去探尋。推銷員的角色扮演是要與客戶同一立場的，「我只做對您有益的事」，銷售是傳達情感的過程，以同理心幫客戶產生有價值的感受；我不是在推銷，而是在幫您得到好的東西。

巧收訂金策略

可用先收訂金的方式，使顧客不致反悔，訂金以不退爲原則，訂金不宜太少，太少也會有反悔的事情發生，故至少也要收取某一額度之訂金，若情況不允許，象徵性的訂金也要收取，以確保成果。

檔案建立策略

要做客戶資料之建檔作業，以利長期追蹤有效客戶。公司要留一份全部之資料，不要因人員的離職而流失有效客戶的資料及資訊。

顧客分類策略

將目標客戶層分類分級，研判購買的可能性大小，不要浪費太多的資源於漫無目標的客源上，列出優先順序、重點及所要強調訴求的重點項目。

可將顧客分成ＡＢＣ三級，Ａ級客戶要優先拜訪；Ｂ級客戶不忘督促；Ｃ級客戶有空再拜訪。以有效率客戶分類之作業方式進行，績效才會顯見。

目標客戶群策略

會釣魚的人都知道不同的魚場有不同的魚群，不同的魚群其所用的釣餌也不相同。以宏觀全局的方式區隔市場，重點開發量大的有較大可行性的目標客戶群，瞭解何種型態的客戶屬性成交率最大，最符合企業的商品市場定位，做市場區隔以選擇目標客戶群可用以下之分類準則，以便能找出最佳的潛在客戶群。

準則	區隔法
1.人文因素	
年齡（歲）	一至四、五至十、十一至十八、十九至三十四、三十五至四十九、五十至六十四、六十五以上。
性別	男性、女性。
家庭成員	一人、二至三人、四至五人、六人以上。

所得（月入）　五千以下，五千至一萬、一萬至二萬、二萬至四萬、四萬以上。

職業　會計師、律師、醫師、企業界高級主管、政府高級官員、中層職工及推銷人員、技術人員、司機及操作員、其他。

教育　小學、國（初）中、高中、專科、大學、研究所以上。

家庭生命循環　年輕單身、年輕有偶無小孩、年輕有偶最小的小孩在六歲以下、年輕有偶最小的小孩在六歲以上、年老有偶有小孩、年老有偶無十八歲以上之小孩、年老單身、其他。

宗教　佛教、基督教（天主教）、回教、道教、其他。

社會階層　上上、上下、中上、中下、下上、下下。

2.地理因素

居住區　鄉村、近郊、都市。

區域別　北部、中部、南部、東部。

3.個性因素

個性　內向消費者、外向消費者。

領導慾	有領導慾消費者、有被領導慾消費者。
保守性	保守派消費者、自由派消費者、激進派消費者。
自發性	獨立性消費者、倚賴性消費者。
野心	高成就慾消費者、低成就慾消費者。

4.消費行爲因素

使用率	不使用、少量使用、中量使用、大量使用。
消費動機	經濟型、地位型、理智型。
使用目的	依消費品或工業品而定。
品牌忠誠度	強、輕、沒有。
行銷因素的敏感性	品質、價格、廣告、銷售推廣。

找出目標客戶群的屬性之後，可採用名錄方式、蒐集名單或做陌生拜訪，以親訪、電訪、信件、傳眞……之方式針對所有的特定對象及非特定對象予以逐一有步驟、有程序的開發。一切情報資料皆直指推銷：可由現有人脈之再拓展：參與各種活動蒐集：透過組織團體之協會、公會、工會、商會、法人：透過名單、名冊之聯繫予以開發。

購買動機策略

消費者的行爲動機有三個主要因素促使其採取購買行爲：

1. 知覺

消費者一定要認知商品能帶給他好處利益他才會購買；影響知覺（perception）的因素主要有先天遺傳性、文化大環境影響，周遭人、事、物小環境的影響，自己主觀先入爲主的看法、觀念及個性……。客戶常基於有新的訊息、新的感覺而產生新的購買行爲；瞭解消費者購買之心理觀點及情緒反應做有效的人性管理，去關心他、去威之以害、誘之以利、惑之以情，善於捕捉機會，大肆宣傳製造轟動效應，以引起公眾注意將有助推展業務，促成購買行爲。

影響人們購買型態的因素尙有：社會與文化的因素：社會因素；個人因素：文化；社會階層；組群的影響；動機、人格、生活型態；外在刺激；購買決策；銷售的產品或服務。

2.態度

由於社會階層屬性不同，其購買態度，亦有所不同，我們可以把社會階層分成六個層次及其占人口的百分比，以有助於瞭解各階層人士之購買行爲之差異：

(1)上上階層：百分之一。
(2)上下階層：百分之二。
(3)中上階層：百分之十。
(4)中下階層：百分之三十二。
(5)下上階層：百分之四十。
(6)下下階層：百分之十五。

社會各階層主要是受到以下之因素所影響、所決定：職業、教育、個人聲望、財產、交互影響、價值觀、族群、文化及其他因素。

3.需求

消費者會因其年齡之不同而有不同之購物心理變化及對不同之商品有不同之需求。

人類文明購買的演進是依循著先觀察，再模仿，最後訴諸於創造，來發現、發明新的需求，領導帶動新的潮流、新的趨勢。消費者常常是不知道需求是什麼，所以才要進行推銷動作，使其瞭解此項商品是其有需要的，以激起其需求。

在創造需求方面，自己雖用不著，但可送人，自己雖不甚滿意但其家人會滿意。其小孩會快樂。

大部分人都需要健康、生命的保障、性滿足、兒女的幸福、食物、睡眠、金錢、未來生活的保障及被重視受人肯定、希望具有重要性的感受感覺。

人因有不同的生活模式而有不同之價值需求也產生了各種不同的購買行爲模式。找出其在價值觀上之判斷，瞭解其心理上的弱點運用，針對此一弱點來創造拓大其需求，給客戶一個好的、肯定的、正面的購買理由及藉口，使其心理層面肯定它，在價質上認同它，認爲可以透過購買消費而獲得喜悅、滿足進而才可能促成購買行動。客戶在需求上的心理是「既怕得到又怕失去」，其思考模式有一種心理補償作用的心理，在理性上認爲需要，在感性上認爲想要，而爲達成二者之共同滿足，唯有拓大商品的用途，以共容性組合成最佳商品條件搭配，創造需求才可促成購買行爲創造業績效。

動機有購買動機（buying motives）及惠顧動機（patronage motives）：

1.購買動機

(1)購買動機在以公司的立場：

①追求利益的增加。

②工作效率的提高。

③確保公司正常營運。

④促使公司銷售量盈餘之增加。

⑤節省成本……。

(2)購買動機在以個人的立場：

①自尊的本能：喜他人之讚美，重視肯定，表徵身分、象徵地位，打算的本能，對己利益會做深遠打算。

②恐怖的本能：求安全、求無慮、求安心對生老病死、天災人禍之危機感。

③好奇的本能：人是好奇的動物，故產品要不斷創新。

④模仿的本能：崇拜、羨慕、追隨、模仿之本能。

⑤競爭的本能：有好處不落人後、希望比別人強、比別人好、比別人優越、不願輸

他人，瞄準客戶的心，不要瞄準客戶的頭。

⑥算計的本能：以最少的金錢得到最大最多的好處。

⑦休閒的本能：放鬆身心，社交享樂，獲得舒適性。

⑧理性的本能。

⑨感性的情緒。

⑩商品好。

⑪價格便宜。

⑫公司形象印象好。

⑬與推銷人員有好的交情印象、情誼、感覺、互信。

⑭美觀。

⑮時髦之流行。

⑯有教育性。

⑰有耐久性。

⑱有健康性。

⑲有保證保障性。

⑳有神祕性。

㉑有實用性。

㉒有特殊吸引性。

㉓有時間性，不願錯過好的機會……。

關於動機理論較有名的爲Maslow的五個需求層次說及Dichter的四種主要購買態度說；茲介紹如下：

(1) Maslow的五個需求層次說：

①自我實現性（self-activalization）：尋求自我成就、自我滿足……的需求。

②自尊性（esteem）：對昂貴的高級住宅、名家設計的服飾、進口汽車……的需求。

③社會歸屬性（social）：對化妝品、會員俱樂部……的需求。

④安全性（safety）：對免受恐懼……的需求。

⑤生理性（physiological）：對食物、衣物、水……的基本需求。

(2) Dichter的四種主要購買態度說：

Dichter先生認爲影響購買過程的四種主要態度是由有關客戶的自我形象、智力年齡、家庭狀況、職業及心理所得等因素交互作用而形成；由智力年齡、家庭狀況、職業及心理所得產生交互影響作用形成自我形象的要求而產生需要及需求而來影響其購買行爲。

2.惠顧動機

至於惠顧動機是爲何客戶會反覆不斷的向某一公司購買，而不向其他公司購買，即是對此公司的商品有忠誠度（loyality），不論是對品牌忠誠度或企業忠誠度。

如何才能使客戶連續回到其原來購買的地方呢？主要的因素除了有以上已略述過的重點之外尚有：

1.推銷員的態度與行爲。

2.購買的方便性。

3.良好的公衆形象與聲望。

4.外觀的美感。

5.從組織成員中感受良好的氣氛……。

6.信用的保障性。

7. 價格的誘因及誘惑。

8. 廣泛的產品實用性。

簡易市調法則

「一切情報皆直指推銷」：業務人員是市場的第一線人員，可充分瞭解客戶的反應及需求之差異性。

須將客戶寶貴意見及對公司商品反應情形及競爭力狀況反應（feed back）給公司的有關單位，以供公司決策，適時調整商品定位、功能、付款條件、外觀、款式……以增加商品競爭力及個人業務績效。

業務人員也可利用在人潮密集之地點或相關區位地點以「市場調查表」訪問過路之潛在客戶方式蒐集其資料，分析是否爲潛在客戶，並與之聯繫。除了第一手資料的市調的蒐集，也可進行二手資料的蒐集瞭解，從政府機關出版品、書報雜誌、Internet……上皆可廣爲蒐集有關之資訊以爲有效運用，以設計完全符合消費者需求、需要、慾望條件……的行銷組合條件。

百分百客戶滿意策略

推銷就是爲顧客提供快樂及利益，滿足客戶想擁有更多、更好的心態及滿足其各層面心理需求，重視其人性的需求，滿足其希望被重視、被認同、被肯定、被接受的心理。爲達成使客戶滿意、滿足、安心、放心的購買。須特別強調P理論的運用，以達百分之百客戶滿意度（customer satisfaction）：

1. 針對價格（price）：推銷高手應注意不要把自己陷於價格戰之中，應以強調價值爲重，提高附加價值的功效，在價格上經差異性比較分析之後也會更實際、更便宜、更有效、更有用。
2. 針對通路（place）：方便、快速、服務到家……。
3. 針對商品（product）：商品設計要依據市場的需求來設計，以滿足市場的需求爲依歸。

4.針對促銷（promotion）：掌握客戶的各種心理條件予以滿足。

5.針對人員（person）：人員訓練有素、服務親切而專業。

6.針對實體（physical facilities）：使客戶不但能看到、摸到、聽到尚且能嗅到，以符合「心到、口到、手到、眼到」之要求。

7.針對程序（process）：不僅有售前、售中之服務，尚有售後之服務，不斷的電話、信件、直接拜訪以瞭解其售後之使用情況。

8.其他相關的「P」。（行銷P理論）

爲達百分之百客戶滿意度，不僅在推銷業務人員上有所要求，在其他工作人員上亦應有所要求，與客戶做朋友、眞心關心客戶的利益；使企業之所有人員組成爲一個有專業能力之組合。

滿足客戶要重視人性的包裝，而非僞裝，心要寬大、仁心宅厚，在技巧處理上，可由售後服務部做售後之完整連絡與關心，於其生日、結婚……時寄贈小禮物、紀念品或賀卡，禮輕情義重，使客戶有被重視的感受。

滿足客戶要滿足他的腦：以理性來說服；滿足客戶要滿足他的感覺：以氣氛、情緒來影響；滿足客戶要滿足他的心情：以讚美肯定來達成；滿足客戶要滿足他的視覺：以各種圖表來促成；滿足客戶要滿足他的聽覺：以聲調、音樂聲來激起；滿足客戶要滿足他的觸覺：以質感來影響其感受。

重視客戶才能滿足客戶，在公司開會時，可多準備一張椅子，在其桌面上寫者「顧客」的字眼。使顧客的實際的意見也能在企業討論決策中有所表達。

形容詞策略

業務推展中，對各種與商品有關之名詞的項目，皆須加以有效之潤飾，常用形容詞（adj）可增加客戶想像空間使其心理嚮往、情緒喜悅及產生感性美好的感受與感覺。（adj＋n）的策略，不只是只用一個adj，可同時用多個形容詞互相搭配及配合成語之使用，使言詞更具吸引力使美景印象栩栩如生，使客戶如同現在即感受到購買後所帶來的利益及美好景象。

常用的形容詞有：能幹的、有效率的、愉快的、耐性的、有反應的、包容的、年輕的、知性的、值得信賴的、適應的、有精力的、仁慈的、完美主義的、嚴格的、積極的、外向的、知識豐富的、有說服力的、有野心的、美麗的、厲害的、有學問的、好玩的、科學的、欣喜的、權威的、坦白的、磊落的、能領會的、活潑的、有勢力的、自我實現的、友善的、理智的、講究實用的、大膽的、和藹的、鍾情的、講求精確的、自覺的、冷靜的、優雅的、有用的、無憂無慮的、大方的、虛榮的、謙讓的、虛有其表的、有節操的、有愛心的、母性的、前進的、信念堅定的、成熟的、重視安全的、高興的、快活的、驕傲的、悟性強的、溫暖的、精明的、快樂的、謙虛的、堅強的、神秘的、安靜的、睿智的、複雜的、助人的、天眞的、嚴肅的、渴望的、自信的、理性的、順從的、可敬的、好說理的、單純的、伶俐的、保守的、勇敢的、理想主義的、現實的、技術好的、活躍的、有想像力的、明理的、風趣的、挑剔的、不成熟的、平凡的、令人安心的、善交際的、易感動的、客觀的、自然的、忠實的、深思熟慮的、踏實的、可靠的、獨立的、觀察敏銳的……。

常用形容詞及正面、完整、好的高雅的字眼能促使客戶產生較高的購買欲望。

以下舉一在泡沫紅茶店中，使用的海報文宣爲例：

鄉土美食與您共享—茶碗蒸—碗中有乾坤，趁熱強強滾；桂圓薑茶—去寒最佳熱食；好彩頭—煎蘿蔔糕—純正港式眞正有料；辣得過癮精緻滷品；特別推出鮮滋味—鮮桔茶—來自宜蘭鮮滋味；吉祥又如意，津津有味道—金桔茶；梅山名產登場—青梅茶—鮮梅釀製忠於原味；中國傳統美食十全補品熱飲—桂圓蓮子；生津又止渴，津津有味道，特別介紹，熱飲聖品—金桔茶；消暑、解渴、養顏—檸檬綠茶；清涼薄荷飲料—雪山翡翠；冰島咖啡—異國風味、浪漫香醇；最健康營養飲料—蛋蜜汁；國寶級台灣美食—蚵仔煎，營養豐富可口；忠於原味最佳美食—毛豆；現煎—蛋餅—最忠於鄉土的風味！

此外在大飯店的菜單上，及一般廣告文宣上皆可看到很多使用形容詞法則的好例子可供參考。

排除障礙策略

在推銷的過程中，障礙隨時可能發生，有推銷業務人員本身的障礙、自身性格、知識、成熟度、訓練、情緒、認知、感性、魄力、解決問題能力……等等障礙；也有來自於客戶方面的障礙，如其意願不足、知識上的不夠、時間、金錢購買能力、意願、興趣不足……等障礙。

如何將這些障礙、負面思考排除轉換爲正面激發使其採取購買行動，則有賴自我的再訓練及再提升。

推銷商品之前不忘先推銷自己，先拿掉客戶心中的磚頭，以詢問句探知其可接受之程度……，直到客戶能認同您及您所推銷的商品。站在朋友、顧問的立場幫他做規劃、建議以贏得友誼及好的口碑之方式，不失爲一種好的方法。

費用價值比策略

價格有限，價值無窮；顧客所花費的金額，能得到多少有形無形的價值，是其所要追求的。強調價值爲先，在顧客心中建立足夠的價值信服力，再配合強調價格的合理性、經濟性才足以說服得動顧客。

商品特品能帶來的商品價值來自於三方面：精神上的價值、經濟上的價值及品質機能性上的價值。分析價值與價格的比例，此價值／價格費用＝X，當X越高，越值得去購買。客戶會自行評估此一價值感及其理性利益、感性喜悅的程度是否划算。可以多向其訴求價值面之分析，其參考話術爲價值是無限的；當需要的程度大於所花費之金額，則是採取購買行爲的好機會；商品附加價值（added value）的訴求；便宜貨有否帶來更多精神上、時間上的看不見的成本；部分的價值即值回價格了，更遑論全部的價值呢；商品的價值是來自於它能爲您做多少事……。

可以訴求價格面之分析。其參考話術爲價格是有限的；比價格合理點尙低的價格，因爲促銷，節省行銷廣告費用而以低價回饋客戶；分析此一價格費用若不投注於此商品服務上而另有消費或購買替代性商品，將只是買一套衣服，或買一套西裝或買一隻皮箱……的錢；我們認爲一次說清楚價格比爲低劣品質而永遠說抱歉的好，您也一定很高興我們做這樣的決定吧；通常不正常競爭都表現在價格上，其成本也會反應在品質上的；價格常分有低價位、中價位及高價位三種層次，其有相對的利益及風險。高只高一點價格，低一點你若不能全然受用，那損失將更大；比預期價格低；在女性的歷史中從未有過如此低的價格；當長期花費較少時，爲何只以及格爲標準？買好一點的商品絕對划得來，您以往的經驗不是如此嗎？……。

外圍組織策略

不以直接訴求銷售商品之方式，先友後銷，先求取情緒上之認同，再一步步試探，其對商品之印象、興趣及認同。

可以組織充電會、讀書會、聯誼會、社團……之方式來認識很多朋友以拓展商機。

可以選一適宜地點，如麥當勞店、泡沫紅茶店、咖啡店……爲據點，廣發D. M.約來電者來此一適當地點，再適時切入商品主題。此法可以三至四人爲一組進行團體合作銷售法；可以與公會、協會、里鄰辦公室合作來拓展；可以組織社團協會或聯誼會之方式來拓展，如「銷售經理人協會」、「市場營銷協會」、「全國業務人員聯誼會」、「銷售業務及行銷管理人協會」、「演說家協會」……。

目標管理策略

在推銷管理之計畫、控制、指導上要先確立目標；以管理者的心態工作，站在不同立場角度來思考、來執行。賽馬或百米衝刺比賽時，常常第一名與第二名的差距只有一個馬鼻或半個步伐等距離而已；決勝邊緣，九十九分即是零分。

一般常見的所謂管理是無計畫的或計畫不周全、不詳盡、不完整，無明確階段性目標，無戰略，戰術、戰法之動作。

數字比語言、文字、圖形更有說服力；以數量化、具體化來訂立可衡量的，有時限性的明確目標，全力以赴，再適時修訂調整。

有目標才有方向，才有機會；它會給你激勵，給你帶來更多的行動力，要隨時評估進展狀況之效果、效率、效能。

可以參考以下之目標設定：每周目標；每月目標；每季目標；每年目標；以何種行動步驟、公式達成上述目標；收入目標爲何？個人目標爲何？……。

系統化策略

公司一切活動直指推銷，有推銷績效成果才有收入，才足以維持公司的正常營運。企業所有部門及人員要整體合作、協力、努力以提升整體企業形象力量，以產生整體性的全方位性的「動態性推銷」，而非只是業務人員單一部門去努力進行推銷活動而已。所以推銷是一種企業整體之整合性行銷活動，要各部門共同支援合作的。

與銷售有關聯的所有因素有：廣告；促銷；產品；配銷；行銷；定價；生產；人事；財務；公司政策……。

推銷開展要有方法、有步驟、有系統、有流程、有計畫的行動，以P理論爲重點。找出各階段之問題點（point of question）、機會點（point of opportunity）、切入點（point of timing）及解決點（point of satisfaction）以相輔相成，搭配運用，有完整之系統共同作業以利推銷活動的順利進行。

除了傳統的行銷架4P：商品（product）、價格（price）、通路（place）及促銷（promotion）以有效、有系統的設計以支援推銷活動。此外在P理論之其他P方面：公關（public relation）、公共形象（public image）、包裝（package）、文件資料（paper）、薪資（payroll）、人員（person）、企劃（project）、計畫（plan）、政策（policy）、定位（position）、利潤（profit）……也要妥爲共同地加以系統化的設計以利推銷活動的進行。

深耕廣耕輪耕策略

除了對商品概念內容有深度、廣度之瞭解外，在推銷的方式上也有深耕、廣耕、輪耕之方式。

視經營的區域而定，以求有效率、效能來提升競爭力、生產力之方式：

1. 深耕：在某一特定區域做細密的開發或從現有客戶著手發掘更多交易量。即精耕某特定區域、某特定客戶層面。

2. 廣耕：廣泛的拜訪；有水平式廣耕，即掃街、掃大樓，留下資料取得訊息，屬於推銷之前置準備工作，再進行連絡；垂直廣耕，即從行業別著手、專門拜訪某一行業，可從公會名錄上著手。廣耕是從「量」上之提高以求取更多的客戶。

3. 輪耕：即推銷員互相交換客戶或區域，將彼此不熟悉的區域或客戶交換，由他人再來試一試。

3/3/3策略

推銷作業之進行將時間分配爲開發客戶占所有時間的1/3，一般日常業務處理占1/3，收網結案成交占1/3。

使三者有良性循環，不要只一味開發而拙於再連絡、再督促、再拜訪及要求採取購買行動。

布網後要有效掌握客戶可能購買時間點之效應，不要等其意願下降，要善於掌握最佳購買意願之時段。

布網也要懂得如何收網。作業方式、習慣及個性也是能否成功之因素。善用3/3/3之方式，將可使績效持續且能立即見得到成果。

訴求重點策略

瞭解客戶的需求重點所在，予以滿足，可以以詢問方式、強調語氣方式、恐怖訴求、最大利益訴求、危機訴求、時間限制訴求、榮譽訴求……針對客戶不同之性格、不同之屬性、不同之需求、動機、習慣予以不同重點之滿足。可以以某項客戶所認爲最重要之考慮因素爲帶動性力量，爲主體性訴求重點，再配合其他輔助性力量（supportive）予以配合。

商品獨到之處何在？客戶主要需求何在？有決策權的人爲何？主要問題點爲何？主要機會點爲何？主要切入點爲何？主要的解決點爲何？非買不可的主要理由爲何？重點地域爲何？重點時段爲何？主力商品爲何？重點客戶年齡屬性爲何？……。

好的推銷業務人員能掌握重點，會一兩撥千金，江湖一點訣，會畫圖表演、會說故事，懂得銷售心理，化缺點爲優點，推銷重點放在商品效用而非成分。沒有擊中靶心不是靶子的錯，要正中癢處，有特點說特點，沒特點，創造特點；有需求說需求，沒需求，創造需求。

業務訓練策略

推銷業務人員要經由完善的職前訓練、主管輔導及有步驟的在職訓練，使業務人員能提升自己的推銷業務能力、技巧，以提高業績績效。人員的教育、訓練與輔導在一企業長期永續發展上是很重要的。

銷售訓練的目標在於根據既定的標準稽核每位推銷員的推銷績效，並作業務能力技巧訓練找尋推銷員的弱點，以及這些弱點的眞正源由，協助推銷員認識自己的弱點，透過個別訓練及工作上的教導，矯正推銷員的弱點，鼓勵推銷員改進推銷技巧，並親自示範改進方法並告知其工作職掌、內容、工作說明書、主要職務內容、公司忠誠度理念的灌輸、敬業、樂業的培養……。

銷售訓練的方法可採取：演講；示範法；討論法；角色扮演法；個別的計畫說明；腦力激盪法；測驗法；影片；錄影機；錄音機；幻燈片；教室內教導；工作中訓練；當場輔導及

聘由外界專家來公司內提供特別課程或採用外訓方式，以情境雙向式教學方法或戶外教學……。

在訓練業務能力方面可採用以下之方式：練習朗誦；在鏡子前，練習表情與手勢；避免口頭禪；多聽別人的演講；精讀口才訓練的書；學習同事；在會議中多發表意見；利用錄音機；多加檢討……。

使能句句動人、字字珠璣，一舉一動、一言一行，每一細節皆須熟悉以能決勝邊緣。除了一般的推銷手法、手段、投巧、技術之外並灌輸其職業觀、倫理觀、人生觀，使其能站如松、行如風、坐如鐘。

銷售訓練的方式很多，有各種不同名稱、目的、內容的研習會以針對不同目的、不同階層、不同屬性之要求，如有激發潛能、高階經理人訓練講習、專業知識的教導……之訓練。

茲舉某企業新進人員下單位二星期之教育訓練輔導流程爲例：

第一天	A.M. 新人下單位。 P.M. 副理人員致歡迎詞，辦理報到手續暨簡介公司組織。
第二天	A.M. 早會專題（觀念灌輸），商品被看好之原因。 P.M. 商品介紹（建築結構，規劃內部設計、建照、起造人介紹）。

第三天	A.M. 參觀工地。 P.M. 各副理約談（觀念溝通，鼓舞士氣）。
第四天	A.M. 早會專題及工作研討（工作前途，公司前途）。 P.M. 三分鐘測驗。
第五天	A.M. 早會專題及工作研討（鼓舞士氣）完整契約文件，會辦流程。 P.M. 戰咯、戰術暨疑難處理。
第六天	A.M. 早會專題及工作研討（工作理念）。 P.M. 沙盤推演、疑難處理（全區聚餐，促其達成責任額）。
第七天	A.M. 早會專題及工作研討（推動晉升之欲望）實施個別約談（選能力強）。 P.M. 個別約談。
第八天	A.M. 早會專題及工作研討（強勢推動業績）。 P.M. 沙盤推演，推銷拒絕處理。
第九天	A.M. 早會專題及工作研討（成功案例之分析處理）。 P.M. 約談。
第十天	A.M. 業務總檢討，全員以座談會方式進行。 P.M. 業務進度計畫重新檢討。
第十一天	A.M. 早會專題、工作研討及陪同實習。 P.M. 計畫檢定、約談。
第十二天	A.M. 潛能激發訓練。 P.M. 結束日；報告心得。

3R策略

推銷方法中有一種3R策略：

repeat：獲得再次交易。

refer：要求推薦客源。

reoral：口碑效果。

在推銷業務進展中除了開發新客戶之外，由舊有客戶處發展客源也是重點之一，如何要求再次推薦，及促使舊客戶繼續向您購買同一或其他商品服務，需要你的售後服務良好，有好的口碑達到客戶聚集效果，才會逐漸由口碑相傳與認同而達成客戶之聚集效果。

勿短視只做單次生意，要培養客戶，要細水長流，保住舊客戶，擁有新客戶。

銷售預測策略

預測指預估未來以便現在可預做資源運用之準備。

當企業的一項新商品將進入市場時，可先做市場測試（market test）以初步實際運作瞭解市場的實際反應及情形，以便正式進入市場後能符合市場的實際情形。

銷售預測可依商品別、時間別，及地區別來做預測，訂定業績達成之目標，再依此一目標去努力達成。

A商品	第一季	第二季	第三季	第四季	年度總數	備註
X區	○	○	○	○	○	○
Y區	○	○	○	○	○	○

而在市場預測方面，有很多方法，以下茲列舉方世杰先生編教「市場預測方法一百種」其方法名稱作爲參考：

特爾菲法；腦力激盪法；消費品購買力預測法；經驗判斷法；貨幣收支平衡預測法；綜合意見法；意見調查法；市場因子分析法；徵詢預購預算法；需求彈性預測法；企業意外事件的預測分析；主觀機率預測法；展銷調查預測法；問卷調查測算法；商品壽命周期曲線的分析判斷法；商品壽命周期與成本、價格、利潤關係分析法；百分比率遞增法；試銷法；訪問法；一般消費品需求量預測法；一般耐用消費品需求量預測法；耐用消費品需求量預測法；耐用消費品相對飽和普及率預測法；耐用消費品保有量預測法；耐用消費品報廢率預測法；市場普查；典型調查；隨意調查；觀察法；市場因素推算法；對比預測法；進貨批量和進貨次數預測法；最大進貨收益預測法；進貨批量損失測算法；提前訂貨預測法；簡單隨機抽樣法；分層比例抽樣法；分層最佳抽樣法；分群隨機抽樣法；系統抽樣法；判斷抽樣法；配額抽樣法；立意抽樣法；學校調查法；市場占有率預測法；市場占有率變動趨勢預測法；市場占有率轉移預測法；市場占有率控制圖預測法；轉導法；類推法；簡單平均數法；加權算術平均數法；移動平均數法；調和平均數法；估計均方差；動態數列期間平均數法；相對數列期間平均數法；折半平均數法；實銷趨勢分析預測法；大致預測法；變動趨勢預測法；指數平滑法；直線迴歸法；二次曲線法；因果預測法；分層分項測算法；商品供需比率法；

月平均比重法；季節變動分析法；月分季節指數預測法；季節平均係數分析預測法；移動平均數季節指數法；貨幣與商品比例測算法；消費結構比例分析法；商品結構比例分析預測法；城鄉商品購買力比例推算法；平均發展速度預測法；ABC分析法；延伸預測法；相互影響分析法；損益平衡銷售量預測法；企業損益平衡銷售額預測法；損益平衡量生產量預測法；生產企業損益平衡銷售額預測法；貨幣時間價值分析預測法；地區銷售分析比較法；零售商業網點損益平衡設置預測法；城鎮零售商業網點發展的預測；還本期預測法；成本毛利率法；銷售毛利率法；企業經營虧損的預測；勞動生產率測算法；商品率測算法；投資效果預測法；投資回收額的預測；商品保利儲存期（天）的預測；商品運雜費測算法；商品資金預測法；目標利潤預測法。

退貨索賠策略

當客戶因商品服務之品質，未符合其購買之要求……等原因而要求退貨、索賠時之處理，應以緩和客戶情緒爲主，再予以說明處理原則及辦法。

可換貨，可以以原金額買其他種類商品，可解釋不符退貨之條件、原因，可附贈小禮物以緩和其激烈情緒氣氛……。

以顧客至上待之爲友，眞誠對待以企業家的心態不要以生意人的心態對待才能解決所有問題。

再多一點策略

銷售人員除了積極從事業務推展之外，對自己銷售能力技巧之哲學建立，以爲行爲之導向亦有必要，才不致掌握不到自己行動之準則。

不要找藉口，永遠比別人「再多一點努力」、「再多一點關懷」、「再多一點服務」、「再多一點稱讚」、「再多一點打電話給客戶」……。此一「再多一點」哲學，對您一定有很大幫助。

行動哲學之素養要在自我成就中完成。

客戶意見蒐集策略

記錄蒐集客戶寶貴意見予以適切滿足才可以達成銷售之成功；常見的客戶意見、異議有：

1.購買習慣上之一般抗拒：不急、要考慮、要與誰商量……。

2.要求更多資料：詳細細節及保證……。

3.反對性意見：不瞭解、不相信、不認同……。

4.主觀性意見：不合用、不需要、沒需求……。

5.惡性意見：印象不佳、爲反對而反對……。

6.藉口：希望改變某些情況、條件……。

可以針對客戶的所有意見異議加以分析，改進以符合大多數客戶之希望。客戶的意見異議也要隨時反應給公司知道。公司主管做決策也要以第一線的業務人員所瞭解的市場客戶實際情況爲主要依據。

銷售心理學策略

人皆有心理情緒的一面；推銷是一門心靈相通的學問，向各種各式各樣的人推銷同一種商品，其反應有相同點也有差異性，身為一個專業推銷人員要有心理學上的常識，針對人性予以全方位、廣角度、多層次的銷售。

一般言客戶的購買心理有：

1.習慣型：有其特定特殊的購買習慣習性。

2.經濟型：特別重視價格上的因素。

3.理智型：較重視分析、數據、公信力上的購買。

4.感性型：較重視情緒、人情上之購買。

5.年齡型：不同的年齡階層、社會家庭背景，有其不同的興趣及購買方向。

針對客戶的可能購買心理予以理性、感性上之滿足，才能有效達成銷售。

MAN策略

瞭解客戶是否有三M的條件：M（money）：足夠的購買能力、金錢；A（authority）：購買決定權；N（need）：購買的充分需求。

購買能力方面可由市場調查表、意見調查表或由觀察其平日活動或屬性中探知其是否有此一特定之購買力。

購買決定權方面，瞭解誰才是眞正有權決定購買的人，誰的影響力較大。

購買需要方面可探知開發其有否較明顯的需求、欲望及興趣，其潛在需求爲何及其有關之人、事、物上之需求。

從MAN策略上著手，力求重點式的推銷，找對關鍵的人（key man），才易有績效的產生。

市場調查表策略

可以運用市場調查表之關係藉機與潛在客戶多熱絡以培養認識之程度以便能多瞭解其有關背景，多關懷、多稱讚並把重要資料以較簡單的方式，重點標示以使其先初步肯定此一商品服務之重要性。

市場調查表之內容重點：

1.基本資料：姓名、電話、地址、家庭、工作情形……。

2.對相關產品、服務之認識程度之詢問：曾經聽過，購買採用過；購買之動機；從何處得到此一訊息；購買之要求重點；商品服務之基本知識。

3.以詢問句誘導確認其認同此一商品服務之重要性：「您一定認爲此種商品服務對……是有其重要性的吧！」

4.不忘感謝，邀請其試吃、試用、至本公司參觀、繼續連繫、讚美、贈送小禮物……。

銷售TOP策略

如何成爲頂尖推銷業務人員（top sales），有賴掌握正確的時間、情境（occasion）及地點（place）。

成爲一個頂尖推銷業務人員，不僅要有高尚的人格，且要有成熟的推銷技巧；持續便有力量，把推銷的境界由唯利是圖、重利輕義，提高爲有義有利。

運用TOP法則，有效掌握客戶購買情緒熱度，打鐵趁熱及使用適當之情境塑造，使有購買情緒氣氛，在地點的運用上以有購買氣氛的布置、舒適、不易分散注意力爲原則。

可以自己給自己打分數，並請主管同事幫你打分數，並給您有效的善意和緩的建議，使您漸漸地成爲頂尖銷售業務人員。

推銷禁忌策略

在拜訪客戶時，有關的禮貌、人情事理、民俗習慣及自已的修養上要有所注意，勿打斷客戶的說話要專心傾聽，更不要與客戶起爭執爭辯，如此會使客戶心理產生敵對心態，勿有過於誇張的表現及使用沒有水準的言詞，勿說謊勿爭辯，不要有攻擊其他公司、人員的言論，勿觸及客戶及他人的隱私，勿涉及易起不同意見的話題，如政治偏向、宗教信仰……。勿談及有不吉祥、犯忌犯沖的話題，凡人皆想要吉祥如意，在推銷過程中以上的禁忌要予以注意避免，才不致給客戶產生不好的印象。尤其是初次拜訪之第一印象，第一印象很容易成爲刻板印象且第一次印象只有一次的機會去建立，若處理不當將有礙推銷業務的進展。

PET策略

常說請（please）、對不起（excuse me）及謝謝（thank you）之禮貌話，並常讚美稱讚，將使客戶對您印象良好。

四信法則

「四信」即是指信任、信心、信諾及信仰。

不斷心理建設，給自己及同事、客戶打氣、激動，給予正面的關心。

1.在信任方面：要先肯定自己的能力及公司、商品、工作能帶給客戶利益，如此才能全力以赴，說話才有信心。

2.在信心方面：有信心才有力量，以愉快的心情、樂觀達觀、健康地面對各種不如意的狀況，給予其心情情緒上的滿足、滿意、安心及放心。

3.在信諾方面：企業經營、社會立身以誠信爲主，口碑效果才會擴散。

4.在信仰方面：要有正面的人生觀、宇宙觀及哲學觀，導引自己前進成長、成熟及成就。若人離開了精神、信仰，將易成爲魔鬼的工具，則人生到終了是沒有什麼成就的。可以請求佛菩薩、耶穌……管理您的一生，使您每天能更認識祂們，獲得眞理。

名片策略

名片爲一種「自我的代表性」是推銷人員自我延伸的一部分，爲一種與人溝通的橋樑，其設計須新穎引人好奇，職銜醒目，表達明確（來電時請指名XX服務，若本人不在，請與XX助理小姐聯繫），對推展業務員有幫助的。一般正常名片長約九公分、寬五．三公分，除了正面有基本資訊之外，背面亦可印些有關公司商品服務內容或一些激勵自我或他人的話，或一些自我介紹的字眼，以使客戶印象更深刻。

以下茲舉背面文字二例：

例一：

智慧型現成辦公室出租

裝潢富麗堂皇，家具設備豪華。有精通貿易、會計的秘書爲您服務；有電腦電話總機、FAX、影印、電腦、打字、中央系統空調設備、大小會議室、水電、統一管理等服務。可代開L／C、押匯、報關、陸、海、空運等業務。可代辦工商登記、合法記帳、代購辦公用具、郵局代開信箱、代辦掛號信、專門秘書服務、翻譯、打字業務、機場接送、代訂旅館、提供貿易機會及代寫開發信、免費供應咖啡及茶每月租金萬元起，立即搬入辦公，即可享受一切豪華設施，不需要另請秘書，及購買事務機器，連絡處仟元起。

在面臨世界經濟不景氣之際，協助您打開市場大門。在最有發展潛力的信義計畫區，鄰近世貿中心、凱悅大飯店、國父紀念館、市政府、市議會、聯合報系，有銀行及保險公司，適合各種行業辦公室或國外及中南部廠商設置連絡處之用。

例二：

成功心法：感恩．誠實．關懷．奉獻

——全力以赴地幫助別人成功——

不論做任何事情，我一定要快樂，並且享受過程。

不管我過去曾經失敗過五次、十次、五年、十年，這些都不重要，因爲過去不等於未來，最重要的是，我這一次要怎麼做。

如果我不能，我一定要；如果我一定要，我就一定能。

假如我今天的想法和昨天一樣，不用懷疑，我明天的生活將和今天一樣成功。

有時可能有用到臨時性名片之時候，可刻印章印上去，不同的印，有不同的力量，要工整地印，才會使人印象良好，不僅印姓名，一些重點表達商品利益的字眼也可加印上去。

使用名片應注意事項：

1.名片最好能放在名片夾中，名片夾應放在西裝內袋裡，而不應從褲子口袋裡掏出。

2.後晚輩先遞出，先由被介紹者先遞出，給客戶行禮打招呼或自我介紹時即行遞出。

3.遞送名片時要面帶微笑，從名片夾中拿出準備好的名片，字體面對對方，雙手恭敬遞送，雙眼面視對方，清楚地報上自己公司名稱及自己姓名，並有禮貌地請其指教。

4.接名片時要雙手接，複誦對方姓名、頭銜，如「董事長，您好」，並加以確認若有疑問的地方也要向其請教加以確認。並適時予以讚美其姓名職銜或公司。謹慎收起名片，放入名片夾中，若是在座位上則應將名片先平整放置於桌面上，待商談後再行收起。

名片不僅爲彼此見面商談時可用，也可用做D.M.，廣爲發放，請收到者來電與您連絡再行商談。

情報蒐集策略

情報的蒐集在於能掌握市場的動態及未來趨勢走向，以爲公司制訂政策方針、市場策略及戰略、戰術之用。

情報有公開的情報、屬於客戶的有關情報及競爭對手的情報三大方面。

業務人員是市場的第一線人員也要隨時把所接觸的市場重要情報、訊息、行情回報反應給公司，有疑問要提出以尋求公司解答。有問題點才有機會點，有機會點才有切入點，有切入點才有解決點，有解決點才有購買點。唯有產生購買點業績才會提升。

1. 情報的基本來源

圖書、雜誌、報紙、電視、收音機、公司內刊物、公司內文書……。

2. 情報蒐集的方法

(1) 觀察法。

(2)面談法。
(3)問卷調查法。
(4)文獻探討。
(5)工作日誌分析法。
(6)其他資料來源。

3.市場情報資料的分析與應用基本內容

(1)市場分析：市場規模及動向、市場潛力、市場占有率狀況、購買意願……。
(2)企業分析：企業歷史、在同業中之地位、企業特性及競爭優點……。
(3)消費者分析：產品特性、品牌地位、消費者特徵、消費者行為與動機……。
(4)產品分析：產品之壽命循環、產品屬性、產品地位、消費狀態……。
(5)銷售分析：市場占有率之消長、地區別之狀況及地位、競爭品之情況……。
(6)推廣分析：廣告費支用、效果測定、消費者之印象、銷售的變化……。

情報蒐集主要可從報紙上及圖書館、政府相關出版品、行政院主計處電子資料流通目錄、政府暨學術單位資料庫……來蒐集取得以茲運用。

以下茲提供一些可供蒐集資料的地點以爲參考應用：

■台北市立圖書館各分館及民眾閱覽室地址一覽表

總館	北市建國南路二段一二五號	2755-2823
松山分館	北市八德路四段六八八號二、六、七、八樓	2753-1875
民生分館	北市敦化北路一九九巷五號四、五樓	2713-8083
三民分館	北市民生東路五段一六三～一號五、六樓	2760-0408
中崙分館	長安東路二段二二九號七～十樓	8773-6858
啓明分館	北市敦化北路一五五巷七六號	2514-8443
永春分館	北市松山路二九四號三、四樓	2760-9730
道藩分館	北市辛亥路三段十一號三樓	2733-4031
大安分館	北市辛亥路三段二二三號四、五樓	2732-5422
中山分館	北市松江路三六七號八樓	2502-6442
長安分館	北市長安西路三號四樓	2562-5540
大直分館	北市大直街二五號三～五樓	2533-6535
城中分館	北市濟南路二段四六號三樓	2393-8274
延平分館	北市保安街四七號	2552-8534
大同分館	北市重慶北路三段三一八號	2594-3236
建成分館	北市民生西路一九八號四樓	2558-2320
龍山分館	北市桂林路六五巷六號	2331-1497

東園分館	北市東園街一九九號	2307-0460
西園分館	北市興寧街六號五、六樓	2306-9046
萬華分館	北市東園街十九號五～七樓	2339-1056
景美分館	北市羅斯福路五段一七六巷五〇號二、三、四樓	2932-8457
木柵分館	北市保儀路十三巷三號三、四樓	2939-7520
永建分館	北市木柵路一段一七七號三樓（永建市場樓上）	2236-7448
萬興分館	北市萬壽路二七號四、五樓	2234-5501
文山分館	北市興隆路二段一六〇號七～九樓	2931-5339
力行分館	北市一壽街二二號五～八樓	8661-2196
景新分館	北市景後街一五一號五～十樓	2933-1244
南港分館	北市南港路一段二八七巷四弄一〇號二、三樓	2782-5232
內湖分館	北市民權東路六段九九號六樓	2791-8772
東湖分館	北市內湖區五分街六號	2632-3378
西湖分館	北市內湖路一段五九四號	2797-3183
天母分館	北市中山北路七段一五四巷六號三、四樓	2873-6203
士林分館	北市華聲街一號三樓	2836-1994
稻香分館	北市稻香路八一號三、四樓	2894-0662
清江分館	北市公館路一九八號三樓	2896-0315
吉利分館	北市立農街一段三六六號五～八樓	2820-1633

■大台北區公私立圖書館地址、電話

國立中央圖書館	中山南路二〇號	2361-9132
中央圖書館台灣分館	新生南路一段一號	2772-4724
川康渝文物館	中山北路二段二七巷十七號五樓	2567-1927
電影資料館	青島東西七號四樓	2371-0093 2392-4243
耕莘文教圖書館	辛亥路一段二二號	2367-1125 2365-4205 2365-4206
國泰建設文教基金會附設霖園圖書館	永吉路三五〇號	2764-3357
行天宮附設圖書館	敦化北路一二〇巷九號 分館：松江路三五九號	2713-6165 2502-2236
龍山寺附設圖書館	西園路一段一五六～一號	2304-3070
貫英圖書館	中華路三段三〇一巷一～一號	2309-3544
雲五圖書館	新生南路三段十九巷三號之一	2362-1574
台北市立美術館	中山北路三段一八一號	2595-7656
道藩紀念圖書館	辛亥路三段十一號三樓	2733-4031
林語堂紀念圖書館	仰德大道二段一四一號	2861-3003
盲人有聲圖書館	延平北路二段一三五巷八號三樓	2553-9429
故宮博物院圖書館	至善路二段二二一號	2881-2021 882-1230
台灣省立博物館資料室	徐州路四八號	2397-9396

中央研究院歷史語言研究所圖書館	南港區研究路二段一二八號	2782-2120
孫逸仙圖書館	仁愛路四段五〇五號二樓	2758-2045
政大社會科學資料中心	指南路二段六四號	2939-3091
行政院國科會科學技術資料中心	和平東路二段一〇六號十四樓	2737-7656
經濟部中央標準局專利標準中心	辛亥路二段一八五號三樓	2738-0008
中國飲食文化圖書館	建國北路二段一四五號地下一樓	2503-1111～5620
農業科學資料中心	溫州十四號三樓	2362-6222
中央研究院民族所圖書館	研究院路二段一二八號	2782-1821
外貿協會貿易資料館	基隆路一段三三三號	2725-5200
政大國際關係研究所圖書資料組	萬壽路六四號	2939-49211～324
信誼基金會學前教育發展中心	重慶南路二段七五號一樓	2392-3195
立法院圖書館	中山南路一號	2321-1531
國大圖書館	秀山街一號三樓	2362-7725
美國文化中心圖書館	南海路五四號	2332-7725
學術交流基金會	南海路五四號	2332-8188
中央研究院近代史研究所圖書館	研究院路二段一三〇號	2782-2578
國史館	北縣新店市北宜路二段四〇六號	2217-1209
國語日報兒童圖書館	福州街二號八樓	2392-1133
王貫英閱覽室	北市中華路二段三〇一巷一之一號	2309-3544

■研考會出版有《中華民國政府出版品目錄》一書，在中央圖書館五樓，及其他門市如下：

正中書局	台北市衡陽路二〇號（三樓）	(02) 2238-8808
三民書局	台北市重慶南路一段六一號（二樓）	(02) 2361-7511
三民書局	台北市復興北路二八六號（四樓）	(02) 2500-6600
正中書局	台中市雙十路二段六二號（二樓）	(04) 238-1945
青年書局	高雄市復興二路九一號（三樓）	(07) 332-4910

■政府出版品資訊之提供機構及其主要內容如下：

總統府	主管全國法規頒發、典閱出巡、頒獎類別、印信關防等資料。
內政部	主管人口、警政、安全、勞工、職訓、營建、人民團體等資料。
國防部	主管政戰、情報、作戰、通訊、後勤、軍法及行政等資料。
財政部	主管賦稅、公庫、關務、金融、證券、營利營業及信用狀等資料。
經濟部	主管工礦業、商業、外貿、投資、能源、加工區、國營事業及國際經濟等資料。
教育部	主管各級學校、社教機關、國際文教等資料。
法務部	主管檢察刑案、監獄管理、國家賠償等資料。
交通部	主管陸海空運輸、港務、通信、氣象及觀光等資料。
僑委會	主管海外之僑團、僑校、僑教及僑胞等資料。
衛生署	主管衛生保健、環境保護、疾患及死因等資料。

退輔會	主管榮民就業、就醫、就學、安養、生產及工程事業等資料。
農委會	主管農林漁牧業及農業等資料。
司法院	主管人民訴訟、審判、調解、懲戒、公證及賠償等資件。
最高法院	主管民事、刑事及特殊案件、辦案成績等資料。
考試院	主管考試院務、考詮訴願、核發證書等資料。
考選部	主管公職及專職技術人員考試、檢定及職前訓練等資料。
銓敘部	主管銓敘、任免、考績、升遷、保險及撫退等資料。
監察院	主管人民訴願、調查彈劾、糾舉及糾正案件等資料。
審計部	主管公務、事業審計、會計及決算審核、財務稽查等資料。
其他部會	各依其主管業務由各單位做出其相關資料。
台灣省政府	主管全省業務資料。
台北市政府	主管台北市業務資料。
高雄市政府	主管高雄市業務資料。

■中華民國政府出版品簡介

刊物名稱	出版周期	出版機關
1.行政院		
Statistical Yearbook of the Republic of China	每年	主計處
中華民國統計年鑑	每年	主計處
中華民國統計年鑑	每年	主計處

刊物名稱	出版周期	出版機關
National Conditions	每季	主計處
中華民國統計月報	每月	主計處
Monthly Bulletin of Statistics	每月	主計處
中華民國台灣地區重要經濟指標月報	每月	主計處
中華民國勞工統計月報	每月	主計處
台灣地區受雇員工動向及概況調查報告	每年	主計處
台灣地區職業別薪資調查報告	每年	主計處
中華民國台灣地區工作經驗調查報告	每年	主計處
中華民國台灣地區住宅調查報告	每年	主計處
中華民國台灣地區人力運用調查報告	每年	主計處
中華民國台灣地區婦女結婚生育與就業調查報告	每年	主計處
中華民國台灣地區傷病醫療與就業調查報告	每年	主計處
中華民國台灣地區國內遷徙調查報告	每年	主計處
中華民國台灣地區職業訓練調查報告	每年	主計處
中華民國台灣地區勞動力調查補充研究分析報告	每年	主計處
中華民國勞工統計年報	每年	主計處
中華民國台灣地區人力資源統計年報	每年	主計處
中華民國台灣地區薪資與生產力統計年報	每年	主計處
中華民國台灣地區人力資源統計月報	每月	主計處

刊物名稱	出版周期	出版機關
中華民國台灣牠區薪資與生產力統計月報	每月	主計處
中華民國台灣地區勞動生產力趨勢分析報告		主計處
中華民國青少幼年統計	每年	主計處
中華民國社會指標統計年表	每年	主計處
中華民國台灣地區物價統計月報	每月	主計處
中華民國台灣地區商品價格月報	每月	主計處
中華民國台灣地區物價動態統計分析速報	每月	主計處
中華民國台灣地區按美元計價進出口物價指數專刊		主計處
中華民國台灣地區國民所得	每年	主計處
中華民國台灣地區國民經濟動向統計季報	每季	主計處
中華民國台灣地區個人所得分配調查報告	每年	主計處
中華民國台灣地區國民所得統計摘要表	每年	主計處
中華民國台灣地區產業關聯表編制報告	每年	主計處
中華民國台灣地區產業關聯表	每五年	主計處
中華民國台灣地區二十九部門產業關聯表	每五年	主計處
中華民國台灣地區產業關聯表部門分類		主計處
中華民國台灣地區國民經濟動向統計季報	每季	主計處
中華民國台灣地區國民所得按季統計	每季	主計處
國民所得按季統計及估測速報	每季	主計處

刊物名稱	出版周期	出版機關
中華民國台灣地區產業關聯表（中間投入細部門）		主計處
中華民國台灣地區產業關聯表（一二三部門）		主計處
中華民國台灣地區（九十九部門及四十九部門）		主計處
電子計算機資源要覽		主計處
政府機關資訊通報		主計處
中華民國國民所得編算方法説明		主計處
中華民國國民經濟會計制度		主計處
中華民國台灣地區產業關聯表編制報告		主計處
中央政府總預算檢編		主計處
台灣地區國民生活主觀意向調查報告		主計處
台灣地區國民對生活與社會環境意向調查報告		主計處
各國統計法規彙編		主計處
中華民國統計發展中程計畫		主計處
中華民國教育程度及學科標準分類		主計處
中華民國統計地區標準分類		主計處
中華民國各省（市）縣（市）行政區域代碼暨世界各國家地區名稱代碼		主計處
台灣地區聚居地都市化地區及都會區分布圖（上下冊）		主計處
中華民國商品標準分類		主計處

刊物名稱	出版周期	出版機關
中華民國行業標準分類		主計處
中華民國職業標準分類		主計處
中華民國統計調查要覽		主計處
政府統計出版品要覽		主計處
年終户籍統計村里別資料應用手冊		主計處
更新勞動調查抽樣母體專業研究報告		主計處
台灣地區婦女生育與就業		主計處
建立抽樣母體資料檔研究報告		主計處
存貨存量統計之研究		主計處
從所得分配面編算國民所得體系之研究		主計處
家庭收支統計制度之研究		主計處
我國賦稅收入短期預測之研究		主計處
公教待遇與工作效率之研究		主計處
時間序列模型之應用		主計處
台灣經濟線型計畫之研訂		主計處
台灣經濟最適控制模型之研究		主計處
National Income in Taiwan Area of the Republic of China		主計處
自由中國之工業	每月	經濟建設委員會
台灣廠商經營調查	每月	經濟建設委員會

刊物名稱	出版周期	出版機關
台灣景氣指標	每月	經濟建設委員會
國建六年計畫一～四冊		經濟建設委員會
經濟年報		經濟建設委員會
中華民國手術處置檢查標準代碼及藥理分類表	每年	衛生署
農情周訊		農委會
中華民國年鑑（英）（平）		新聞局
原子能法規彙編	每周	原子能委員會
中華民國人文社會科學期刊論文索引暨摘要		國家科學委員會
中華民國科學技術年鑑（精）		國家科學委員會
中華民國博士論文摘要暨碩士論文目錄		國家科學委員會
全國西文科技期刊聯合目錄		國家科學委員會
行政院國科會研究獎助費論文摘要（合）		國家科學委員會
中華民國政府組織與工作簡介		研究發展考核委員會
亞太經濟合作與台灣角色之研究		研究發展考核委員會
職業訓練技能檢定就業服務法令		勞工委員會
八十二年版環境資訊		環境保護署
公害糾紛處理白皮書（八十二年）		環境保護署
環境保護年鑑（八十二年）		環境保護署

刊物名稱	出版周期	出版機關
2.內政部		
中華民國內政統計提要	每年	
中華民國內政統計手冊	每年	
台閩地區人口統計	每年	
台灣人口統計季刊	每年	
中華民國台閩地區簡易生命	每年	
中華民國全圖		
世界地圖（全國）		
台灣地區各級人民團體概況調查報告		
台灣地區社會福利機構概況調查報告		
台灣地區國民生活狀況調查報告		
3.外交部		
中外條約的編輯索引（現行有效篇）		
中外條約編輯第八編		
中外條約編輯第九編		
中華民國八十三年外交年鑑		
世界各國簡介暨政府首長名冊		
外交報告書		
4.教育部		

刊物名稱	出版周期	出版機關
中華民國教育統計		
中華民國中文期刊聯合目錄（上、下冊）		
中國編目規則		
中華民國中央圖書館年鑑		
中華民國出版圖書目錄彙編		
中華民國期刊論文索引彙編		
台灣公藏人文及社會科學期刊聯合目錄		
中文參考圖書目錄		
中文度量衡比較換算表		
國際重要經貿暨金融組織（平）		
中文報紙論文分類索引		
5. 經濟部		
中華民國工商業調查報告	每年	統計處
台灣農業生產統計	每年	統計處
中華民國工業生產統計月報	每月	統計處
外銷訂單統計速報	每月	統計處
中華民國台灣地區製造業經營實況調查報告		統計處
經濟統計年報（八十二年）		統計處
僑外投資統計月報	每月	投審會

刊物名稱	出版周期	出版機關
台灣能源統計年報	每年	能源委員會
台灣能源統計月報	每月	能源委員會
能源指標季報	每季	能源委員會
國際能源統計	月報	能源委員會
中小企業白皮書		中國生產力中心
經濟部公報		今日經濟雜誌社
台灣地質文獻目錄		中央地質調查所
台灣地質概論（地質圖說明書）英（平）		中央地質調查所
6.財政部		
中華民國財政統計年報	每年	統計處
中華民國財政統計月報	每月	統計處
中華民國賦稅統計年報	每年	統計處
重要財政指標速報	每月	統計處
中華民國進出口貿易統計月報	每月	統計處
中華民國進出口貿易統計快報	每月	統計處
Guide to ROC taxes		稅制委員會
房屋稅、契稅法令彙編		稅制委員會
所得稅法令彙編		稅制委員會
營業稅、印花稅、證券交易法令彙編		稅制委員會

刊物名稱	出版周期	出版機關
中華民國海關進出口貨物分類表		海關總局處
基本金融資料		金融局
7.交通部		
中華民國交通統計要覽	每年	
中華民國通信運輸及倉儲業產值調查報告	每年	
中華民國台灣地區汽車貨運調查報告	每季	
中華民國交通統計月報	每月	統計處
公路交通量成長趨勢與組織分析		運輸研究所
公路安全管理方法指南		運輸研究所
航空安全相關法規與事故資料之分析研究		運輸研究所
郵政年報八十二年		郵政總局
8.國防部		
國防醫學雜誌		
國防報告書		
9.中央銀行		
銀行結匯統計	每年	外匯局
銀行結匯統計	每月	外匯局
銀行結匯統計快報	每月	外匯局
中央銀行季刊	每季	

刊物名稱	出版周期	出版機關
國際金融參考資料	每半年	
中央銀行年報		
中華民國台灣地區經濟統計圖表		
金融統計月報		
金融機構業務概況年報		
10.蒙藏委員會		
十三輩達賴喇嘛圓寂與熱振呼圖克圖		
密乘寧瑪派教法在西藏之起源之發展		
藏語會話卡帶		
11.監察院		
監察院報告書		
12.台灣省		
台灣省統計年報	每年	省政府主計處
台灣省統計手冊	每年	省政府主計處
中華民國台灣省物價統計月報	每月	省政府主計處
中華民國台灣省家庭收支調查報告	每年	省政府主計處
台灣省年終户籍人口靜態統計	每年	警務處
台灣省民權東路政統計	每年	省政府民政廳
台灣省教育統計	每年	省政府教育廳

刊物名稱	出版周期	出版機關
台灣省財稅統計年報	每年	省政府財政廳
台灣經濟月刊	每月	省政府經濟動員委員會
台潛省公立醫院出院患者疾病統計	每年	衛生處
台灣地區農產品批發市場年報	每年	農林廳
台灣省營造業經濟概況調查報告	每年	建設廳
台灣省林業統計	每年	林務局
台灣糧食統計要覽	每年	糧食局
台灣糧食生產情形及業務概況	每年	糧食局
台灣地區農作物生產統計	每年	糧食局
台灣地區米穀生產量調查統計總報告	半年	糧食局
台灣地區稻穀生產費調查統計報告	半年	糧食局
台灣地區農村物價專輯	隔年	糧食局
台灣地區基層農會業務報告		糧食局
中華民國台灣地區漁業年報	每年	漁業局
台灣省財政統計月報	每月	財政廳
台灣省交通統計年報	每年	交通處
台灣省交通統計月報	每月	交通處
台灣省公路業務統計	每年	公路局
台灣史		文獻委員會

刊物名稱	出版周期	出版機關
台灣通志（上、下）		文獻委員會
13.台北市政府		
台北市統計要覽	每年	市政府主計處
台北市施政統計摘要	每年	市政府主計處
台北市重要統計速報	每月	市政府主計處
台北市物價統計月報	每月	市政府主計處
台北市家庭收支調查與個人所得分配報告	每年	市政府主計處
台北市家庭收支調查報告	每季	市政府主計處
台北市銀行月刊	每月	台北市銀行
14.高雄市		
高雄市統計要覽	每年	市政府主計處
高雄市統計季刊	每季	市政府主計處
高雄市物價統計月報	每月	市政府主計處
高雄市家庭收支調查報告	每年	市政府主計處

■政府暨學術單位資料庫

國際百科資料庫系統	單位：國科會科學技術資料中心。 來源：三五〇種國際線上資料庫。 方式：可至科學資料庫技術中心各服務處終端機，直接線上檢索資料。

WHARTON	單位：華碩經濟計量預測學會（FEFA）。 來源：行政院主計處。 內容：美國經濟統計資料、國際貨幣基金IFS資料、國內重要經濟統計資料。 方式：與經建會、中央研究院經濟研究所、中華經濟研究院、財政部統計處、台灣經濟研究所等，終端機連線。
DRI	單位：美國DIR。 內容：國際經濟統計資料。 使用者：經建會、中央研究院經濟研究所、行政院主計處 方式：終端機連線查詢。
國際貿易統計	單位：經濟合作發展組織、聯合國。 使用者：中華經濟研究院。 內容：七十三年以後貿易統計（磁帶）。
美日海關統計	內容：美國海關進出口統計（依TSUSA分類）、日本海關進出口統計（依CCCN分類）。 引進：國貿局。 方式：開供工商業查詢。
海關統計	單位：中華民國海關。 內容：六十一年以後，各年進出口統計。

IFS	單位：國際貨幣基金會（IMF）。 來源：「國際金融統計」磁帶。 購入：中華經濟研究院。 內容：七十二年起，一六〇個國家及地區之利率、匯率、貨幣供給、國際收支、人口等經濟統計資料。
結匯統計	單位：中央銀行。 內容：進出口貿易結匯統計資料。 方式：電腦處理、印成月報、年報。
投資諮詢中心	單位：中央信託。 內容：國內外重要財經新聞、國內外匯率、利率、基金、債券、黃金、股價等資訊、走勢圖。 方式：1.直赴台北市武昌街一段四十九號中央信託局後棟大廳。 2.電話專線查詢：黃金金幣條塊（三三一七二九三、三三一二九二四）。 ：外幣匯率（三一一、一五一一）

■網際網路

從國際網際網路（Internet）上也是很好的蒐集情報資料的一個重要來源，以下茲介紹幾個主要的加值網路單位：

1.台灣學術網路（tanet）

提供單位：教育部電算中心

服務內容：台灣學術網路（tanet）是一個結合校園、校際、網際網路爲一體之整合性學術網路，提供電子郵遞（E-mail）、圖書資料庫檢索、電子布告欄（BBS）、遠地主機登錄、檔案傳輸、網路論壇討論、檔案搜尋、世界資訊網（WWW）等服務。

洽詢地址：台北市和平東路二段一○六號十二樓

電話：（○二）七三一 七七四三九

傳眞：（○二）七三七七○四六三

2.全國科技資訊網路（sticnet）

提供單位：行政院國家科學委員會科學技術資料中心

服務內容：線上科技資料庫檢索服務。

洽詢地址：台北市和平東路二段一○六號十五樓

電話：（○二）七三七七六六一

傳眞：（○二）七三七七六六三

3.資策會種子網路（seednet）

提供單位：財團法人資訊工業策進會

服務內容：提供網際網路閘道服務，可經由此網路連上Internet，提供電子郵遞、圖書資料庫檢索、電子布告欄、遠地主機登錄、檔案傳輸、網路論壇討論、檔案搜尋、世界資訊網等服務。主要服務對象爲國內各企業與公司機關團體。

洽詢地址：台北市復興南路二段二九三之三號二樓

電話：（〇二）七三三八七七九

傳眞：（〇二）七三三〇一八八

4.交通部高速網路（hinet）

提供單位：行政院交通部數據通訊所

服務內容：服務項目同seednet，但主要服務對象包括一般民眾。

洽詢地址：台北市信義路一段二十一號或各地區電信區

電話：（〇二）三四四三一四三～八

傳眞：（〇二）三四四二一二一

5.電傳視訊網路

提供單位：行政院交通部電信總局（數據通訊所）

服務內容：提供電信、郵政、航空船舶、鐵路、氣象、觀光、農業、證券、匯率、財政、票券、商情、房地產、新聞、文教、休閒、就業、醫藥、政府資訊、法規等資料庫。

洽詢地址：台北市信義路一段二十一號

電話：（〇二）三四四三一四三～八

傳眞：（〇二）三四四二一二一

6.時報資訊網

提供單位：時報資訊股分有限公司

服務內容：財經金融即時報導與檢索、線上即時新聞發布、電傳視訊財經內容提供等。

洽詢地址：台北市和平西路三段二〇四號六一七樓

電話：（〇二）三〇二四九五五

傳眞：（〇二）三〇二二七七一

7.彈指間，覽盡全球頂尖商情

全球專業研究機構、企劃主管、分析師一致推崇——profound the world's most comprehensive business intelligence database

資料內容豐富、涵蓋範圍廣：

(1)市場產業分析報告：全球七二三個市場領域，超過四〇，〇〇〇篇產業全文報告。
(2)全球新聞資料庫：全球一八〇多國、四，〇〇〇多種報章、期刊、雜誌等提供各類專業新聞。
(3)公司信用報告：全球四〇餘國，超過四，五〇〇，〇〇〇篇知名公司徵信報告。
(4)經濟投資分析報告：全球五〇餘家著名投資顧問公司及銀行分析師所撰寫，超過四一，〇〇〇篇產業及分析報告。
(5)分析簡報：超過二〇，〇〇〇多篇全球公司簡報、一，五〇〇篇全球市場簡報、一〇〇多個國家簡報及全美超過四，六〇〇家股票市場簡報。
(6)報價服務：包括股市（stock）、期貨（futures）、貴重金屬（metals）、外匯（foreign exchange）等項目。

(7)今日新聞：以原文圖檔格式完整呈現今日新聞。

英國M. A. I. D. Plc出品，台灣獨家代理：時報資訊股份有限公司

洽詢地址：台北市民權東路六段二十五號四樓

服務專線：（○二）七九二九六八八轉四三一七，四三二四

8.一網打盡卓越商情資料庫（http://ebds.anjes.com.tw/）

要找財經工商資料嗎？來這裡即可享受便捷的檢索調閱服務；從此不再尋尋覓覓、拼拼湊湊！

提供單位：卓越商情中心

地址：台北市建國北路二段三巷十七號一樓

電話：（○二）五○九三五七八轉三○，三一，三二，三三

傳真：（○二）五一七三六一二

E-mail:ebds-info@anjes.com.tw

■中國圖書分類法基本結構

1.總類

000特藏 005革命文庫 008學位論文 010目錄學
020圖書館學 030國學 040類書 050普通雜誌
060普通社會出版物 070普通論叢 080普通叢書 090群經

2.哲學類

100總論 110思想 120中國哲學 130東方哲學
140西方哲學 150理論學 160形而上學；玄學 170心理學
180美學 190倫理學

3.宗教類

200總論 210比較宗教學 220佛教 230道教
240基督教 250回教 260猶太教 270其他宗教
280神話 290術數；迷信

4.自然科學類

300總論 310數學 320天文 330物理
340化學 350地質 360生物；博物 370植物

380動物　390人類學

5.應用科學類

400總論　410醫學　420家事　430農業

440工業　450礦冶　460應用化學：化學工藝　470製造

480商業：各類營業　490商學：經營學

6.社會科學類

500總論　510統計　520教育　530禮俗

540社會　550經濟　560財政　570政治

580法律　590軍事

7.中國史地類

600史地總論　610通史　620斷代史　630文化史

640外交史　650史料　660地理總志　670方志

680類志　690遊記

8.世界史地類

700總論　710世界史地　720海洋　730東洲；亞洲
740西洋；歐洲　750美洲　760非洲　770澳洲及其它各地
780傳記　790古物；考古

9.語文類

800語言文字學　810文學　820中國文學　830總集
840別集　850特種文學　860東洋文學　870西洋文學
880西方諸小國文學　890新聞學

10.美術類

900總類　910音樂　920建築　930雕塑
940書畫　950攝影　960圖案；裝飾　970技藝
980戲劇　990遊戲娛樂休閒

客戶管理策略

有效的客戶訪談紀錄，使再次連絡時，對前次交往之細節情形重點，仍能掌握。由於客戶數量多、細節多，故須有效記錄管理，在與其來往時可銜接得上前次商談之重點，使彼此距離更短。

對客戶情形之掌握：付款情形、信用度、銷售額成長率、銷售額的統計、銷售額比率、經費比率、貨款回收的狀況、公司方針之瞭解、銷售項目、商品的陳列狀況、商品的庫存狀況、促銷活動的情形、訪問計畫、訪問狀況、人際關係、支持的程度、情報的傳達、意見的交流、建議的頻度、公司經營情形、家庭生活一般情形及其興趣、性格習慣、支付情況、資金變化、經營政策……，有無不當舉措、重大變化之瞭解及長期追蹤也有助生意之持續穩定來往。

爲有效地做客戶管理，必須建立有完善資訊的客戶資料庫，至於客戶區隔分析管理，可用以下之方式將客戶予以區隔分類，以便有效進行銷售與管理。

區隔市場的可行方法：

分類	方法
人口資料法	1. 地理區域 2. 家庭的組成 3. 家庭人數的多寡 4. 家計主持人的教育水準 5. 家計主持人的職業 6. 家庭所得 7. 種族的起源 8. 人種 9. 住宅的所有權 10. 婚姻狀況 11. 家庭中有所得的人數
行為模式法	1. 對現有產品的消費量 2. 以前對產品的經驗 3. 品牌忠實度 4. 所使用的語言 5. 所屬社會階層 6. 生命周期狀況 7. 社會關係 8. 宗教信仰

分類	方法
身體特徵法	1. 性別 2. 年齡 3. 健康狀況 4. 身體上的差別
心理特徵法	1. 智力水準 2. 人格特徵 3. 特別喜好的興趣 4. 心理需求與偏好
行銷條件法	1. 配銷通路 2. 所面臨競爭的程度

客戶的種類也有以下之形式：消費者、批發商、零售商、經銷商或代理商、工業用戶、政府機關或社團用戶、工業用品中間商，爲求有效之客戶管理，茲就其配銷通路列一圖示分析之：

1. 產品售給最終消費者的配銷通路圖

生產廠商→消費者

生產廠商→批發商→消費者

生產廠商→批發商→零售商→消費者

生產廠商→經銷商或代理商→零售商→消費者

生產廠商→經銷商或代理商→批發商→消費者

2.產品售給中間商的配銷通路圖

生產廠商→零售商

生產廠商→批發商→零售商

生產廠商→經銷商或代理商→零售商

生產廠商→經銷商或代理商→批發商→零售商

3.工業用品從生產者流向工業用戶、政府機關，及社團的配銷通路圖

生產廠商→工業用戶→政府機關或社團用戶

生產廠商→工業用品中間商→工業用戶→政府機關或社團用戶

生產廠商→經銷商或代理商→工業用戶→政府機關或社團用戶

客戶管理的工作要完善，須要用制式表格並予以裝訂建檔。以下之業務人員工作表組成

可做參考：

每月業務工作計畫表、業務紀錄統計表、每日業務工作計畫及紀錄表、追蹤紀錄及價格紀錄表、各類客戶資料、客戶紀錄及售後拜訪紀錄表……。

收款技巧策略

與客戶相處愉快良好，在收款時，才不致有刁難。請客戶開立劃線支票，以免回公司交納前有所遺失。劃線支票是只限支票上所載明的受款人才得以領取的，他人無法領取。並應要求其蓋印「禁止背書轉讓」的印章，及核對支票上之記載事項：金額：壹貳參拾等文字是否正確的寫出；支付日期：是否照約定；支付地：是否寫有市、鄉、村等；支付場所：是否寫有XX銀行；開出日：是否在支付日期以前；開出人住所：是否有載住所；開出人：開票人屬法人之時，是否寫有法定代表者之職位及姓名；接受人：是否有指定本公司為接受者；印章：公司及負責人印章是否正確且清晰。

對於可能發生的問題支票如支付日期、支付金額書寫模糊不清時；蓋章不清楚；以從來未曾交易之銀行為支付之支票；以遠地、交易金額微小的銀行為支付場所的支票；交易後不久，將應用現金交易者改為支票支付……。皆要瞭解清楚，並做可能的徵信。

除了收款點清楚之外，並應於事先瞭解各公司之「請款日」，於其方便並準備好時才前去請款，不要白跑一趟。

銷售字訣策略

銷售技巧上重視所運用的詞彙詞藻是否得體高雅、生動、層次高，使客戶聽起來悅耳順耳並因而肯定您所推薦的商品服務；不同的遣詞用字可以烘托商品服務的不同價值感。遣詞用字再配合有效的吸引人的圖形、數字……將更具影響力。

在用詞、用語、用句、用字方面，客戶最重視的是他的名字並喜受到讚美欣賞。在說明過程中要不斷地、反覆地提到客戶的名字並稱讚他，使有正面激勵效果。

此外以下之字眼也較具有正面激勵之作用，可供參考：

您，事實，安全性，優點，結果，肯定，發現，理解，快樂，喜愛，輕鬆，健康，節省，保證，金錢，正確，利潤，信任，可靠性，決定性，價值，樂趣，證實，必定，新穎的，應得的……。

至於一些具負面的詞句則可於其恐怖訴求，逆向刺激之中用到：嘗試，困難，失敗，損失，傷害……。

以上銷售字訣的運用在初次見面建立第一印象、洽談、針對客戶心理訴說、打開商談僵局、有異議發生時……皆可適時運用，以促使客戶採取購買行動。

語調、儀表、人格訓練策略

訓練自己的用字、音調、語氣是否有節奏感、韻律感有吸引力，可以運用錄音機之訓練來達成。

錄一遍再加以改進一直到熟練滿意爲止。

儀表、舉止、服裝舉動、外觀肢體語言人格成熟表現之表達則可以用鏡子來訓練、改進，一次又一次地改進、進步。

人格心靈上的陶冶也要天天靈修、禱告、懺悔以求完美。使自己成爲人人喜歡的專業推銷業務人員，如此業績一定會逐日提升。

二段式推銷作業策略

由於拜訪的不特定廣大客戶人數眾多，不易控制、管理，故可採取二段式作業方法以求有效率便於掌握實際狀況。

第一階段可由較資淺的業務人員先行連絡拜訪，瞭解其購買之可能程度，分成ABC三級，有把握的A級客戶可繼續連絡，將B、C級或可能時間拖久的，或有臨時狀況未能充分掌握的，常連絡不上的，出國未歸的，出差未返的……，交由第二階段的較資深、有經驗的業務幹部去繼續連絡、追蹤以達成成交之動作。由此，第一階段的業務人員可節省很多時間，只要專注於所掌握的A級客戶即可，如此可使工作單純化。第二階段較資深、有經驗的業務幹部在掌握B、C級客戶時也較能做立即的研判過濾，判斷其購買可能性，而迅速單純地予以解決問題促成購買或存檔備存，使其他工作得以省時順利地繼續推動。

由二者相輔相成，相互搭配，獎金互分，彼此工作作業單純輕鬆，才可使業務績效提升及展現。

此二段式作業方式也可配合電話行銷小組、信件行銷小組、傳眞行銷小組、市調行銷小組、發傳單行銷小組、專案行銷小組……來配合，使彼此分工合作效率提高。

詢問句策略

在說明商談的過程中可常用詢問句，以誘使其回答爲正面的肯定的答案，如果客戶回答之正面肯定的答案爲多，則其不僅易被您所說服也會被他自己所說服，如此一來其採取購買行動的可能性將爲之增加。

常見的詢問句爲：您喜歡此種商品嗎；您若購買它，會常使用用上嗎；此項商品比其他的、或您之前使用過的好吧；若付款輕鬆您將會購買嗎；此商品會帶給您很多利益吧；對商品的功能還有何疑問呢；您的家人一定會欣喜若狂吧；若再降點價格您將會購買吧……。

在使用詢問句上可採取連續多個詢問句一起問，使客戶更加能自己去說服自己，去肯定此項商品的優點，並適時地伸出手去握手，並感謝他對您及商品的肯定。

異議處理策略

推銷是從被拒絕開始的；客戶購買商品有很多因素、條件、情境之不同，出現異議是很常見的事。

客戶有興趣才會詢問，銷售的過程是自我成裝塑造的過程，不要怕客戶有異數，只要熟練商品知識，熱忱關心，待之爲友，則異議不難解決。

基本上異議來自顧客方面的因素、對業務人員之因素及對商品之因素三大方面：

1.來自顧客方面的因素：客戶先入爲主的成見；客戶的購買習慣；客戶的購買經驗（從前有過不滿意的經驗）；客戶沒有購買需要，或未被激發發現購買需求；客戶沒有支付能力或預算不夠；客戶沒有購買權或不符公司規格要求；客戶心情不佳或怕省麻煩，不放心；客戶已有固定的貨源關係（契約關係）或手邊尚有存貨……。

2.來自業務人員方面之因素：業務人員服務不周；業務人員信譽不佳；業務人員禮儀不

當；業務人員資訊不完整；業務人員證據不足；業務人員公信力不夠……。

3.來自商品方面之因素：商品價格之因素（太高）；商品品質、等級、功能、包裝、服務……之因素。處理異議之前要先自行模擬可能的異議有那些，做事先演練，思考如何妥善作答使其信服滿意。

處理異議有五個基本步驟：

1.完全接受（微笑、點頭、身體向前傾、語調柔和、感謝他、祝賀他，並告訴美好的遠景）。

2.解釋原因並拿出紙筆在紙上作答……使其印象更深刻。

3.舉出第三者有力證明。

4.專門針對異議處理。

5.馬上要求購買。

對於價格上之異議可告知一分錢一分貨，我們的服務是不打折扣的。並舉例強調品質服務之重要，告知以其身分、地位、尊貴、氣質、品味，購買此種商品品質與其是相互輝映的。舉例很多客戶購買後又再回來追加購買呢！

關於方法是可以用詢問、反問的方式，舉例、證明、示範的方式，給予補償優惠的方式及可預留彈性空間於最後關頭再提出，以促成決定成交購買。

對於客戶各式各樣的異議要事先做Q／A表（問題與答案），設計完好的處理方法，並演練成熟才足以妥善服務客戶使其滿意安心快樂的購買。

銷售職能策略

在銷售業務推動之職務上的能力，有多方面的要求，最強的有哪些方面？最弱的有哪些方面，爲求更成熟的境界，可以自我做評析再加以重點改進。

1. 銷售職能：茲略舉以下八個銷售職能，替您自己從一到十做個評分。

(1)積極的心理態度。

(2)討人喜歡程度。

(3)身體健康外表觀感。

(4)產品認識。

(5)客戶開發與接觸的技巧。

(6)產品介紹的技巧。

(7)處理異議與結束銷售的技巧。

(8)時間管理技巧。

2.我最強的有哪三方面？

(1)＿＿＿＿＿＿＿＿。

(2)＿＿＿＿＿＿＿＿。

(3)＿＿＿＿＿＿＿＿。

3.我最弱的有哪三方面？

(1)＿＿＿＿＿＿＿＿。

(2)＿＿＿＿＿＿＿＿。

(3)＿＿＿＿＿＿＿＿。

4.爲求邁入銷售更成功的境界，今天我能做些什麼？

(1)＿＿＿＿＿＿＿＿。

(2)＿＿＿＿＿＿＿＿。

(3)＿＿＿＿＿＿＿＿。

議價技巧策略

客戶對價格多策略面常會有要求降價的情形發生，降價的空間可以事先即予以保留，但仍可彈性地與之議價，在最後階段的時候再掀出已預留空間的底價。

在議價技巧上有以下幾項重點：

先以堅定的態度告訴客戶不可能再降價了，這已是最低的價格，沒有人買得比妳還便宜，看看客戶的反應再做進一步的動作；先行掌握客戶購買意願之高低，及其購買之動機何在；尋找支撐價格的理由及基準點；可以與其他相同類型商品做價格上、價值上之行情比較差異性分析；運用客觀的因素，大環境各種利多、利空因素，如市場景氣、經濟環境……；安排設計議價的流程；討論商品的價值性；運用口碑、感情、組織幫助議價之支撐；瞭解研判客戶之探價動作，二度出價及可能的成交價；強調供需情況以支撐價格……。

拓展關係策略

在推銷業務拓展上可以運用各種關係以有助於推銷之進展。以下之情形可爲參考：

運用各種關係包括同姓、同鄉、同學、校友、學長、學弟、同僚、同事、同企業集團之關係、同行業、上司、部屬、同好、師生、同宗、世交……之關係。與之主動聊天並以拉銷方式（pull）發D.M.、mail、廣告……使其主動來瞭解。攀交情，拉關係，套交情，加入社團聯盟體系如獅子會、青商會、扶輪社、青年總裁協會、資深公民協會……。

消費者行為分析策略

消費者行爲分析主要目的在區隔出不同類別之消費對象及其特性，以掌握消費行爲趨勢，以最佳之行銷組合來規劃產品差異性與市場區隔化，建立目標市場並評估交易需求，擬定業銷計畫以滿足目標市場最多數消費者之消費需求。可以從以下項目進行分析評比：

1.總體消費資料：人口資料、所得資料、社會文化資料……。

2.個體消費資料：產品資料、購買行爲資料、使用行爲資料、廣告媒體資料……。

3.人口資料：總人口、人口地理分布、年齡結構、性別、婚姻狀況、家戶數、教育程度、家庭人數、風俗習慣……。

4.所得資料：國民淨生產總值、平均所得收入、平均消費支出、消費傾向及型態、儲蓄率……。

5.社會文化資料：人格特質、社會階段、環境素質……。

6.產品資料：產品品牌知名度、忠誠度、轉換度、產品特性、功能形式、市場區隔之商品特性定位、產品包裝之色澤、大小、插圖、容器、標籤、設計重點、產品價格、定位、價格差異程度、付款付件……。

7.購買行爲資料：購買動機資料（因素）、理性動機（友誼、舒適、安全、驕傲、好奇）、感性動機（價廉、易使用、耐久、新鮮、輔助性）、帶動性需求動機（最主要的購買需求動機爲何）、輔助性需求動機（其他購買需求動機之配合）、惠顧動機資料（地點便利、服務迅速、貨品齊全、親切態度、價廉、店內擺設、櫥窗設計、廣告推銷）、購買角色資料（影響者、決定者、購買者、使用者）、購買習慣（消費者個性及購買慣性）。

8.使用行爲資料：「量」的分析（消費量、使用種類、使用頻率）、「質」的分析（使用滿意程度、消費意見、忠誠度、特點如何、服務如何）。

S理論策略

推銷中有以下多個S可茲運用以提升推銷競爭力。

success成功：要成功須要勤勉、有成熟技巧及有人格的推銷（sell）配合促銷贊助合作（sponsor）及行銷服務（service）以達客戶滿意（customer satisfaction）之程度。

sabbath安息日：猶太教徒是星期六，基督徒是星期日做禮拜，佛教徒也應學習，每星期中一日到聖殿去靈修去陶冶品格，平日更要精進以完美成熟的人格面對客戶。

sample：隨身不忘帶樣品、目錄給客戶看。

simple：說明要簡單明瞭，使客戶能眞正清楚瞭解。

sane：爲人要神志清楚、心理健全。

Santa Claus：有若聖誕老人，日行一善，祝福客戶，常讚美他人優點。

Saturday／Sunday：星期六、日要善於安排自己的休閒時間，有效利用使自己更提升。

save：要節省時間、金額、體力的浪費。

savoir faire：要有成熟的社交手腕、處世之道。

schedule：要善於安排作業的時間表。

science：要有科學的精神、科學有效率的方法。

select：要懂得如何選擇、研判過濾客戶。

sense：要有商業敏感度（business sense）。

service：要知道有效地從事售前、售中及售後的服務。

shirt：襯衫服飾要清潔、重視。

sin：對自己不對的行爲道德要常存懺悔心，常默唸佛號可使心量深且廣，常禱告以求人格之精進。

sincerity：要以誠實的態度面對客戶，每個人都是聰明的，欺騙得了一人，騙不了所有人。欺騙得了一時，騙不了長時間。欺騙得了他人，騙不了自己靈性及上天。

skill：推銷技巧要熟練。

sky：常與天道相近。天道無親，常與善人。和自己、大自然競爭，不要和人鬥爭，與人爲善，廣結善緣，多一個朋友，少一個敵人。做到雙贏win-win的地步，我爲人人，人人爲我。

slogon：善於使用吸引人、有創意的標語口號。

small：要隨時重視小細節，不要不拘小節。

smile：微笑既不費時也不花錢，而且能使自己健康且能促進生意興隆。

smoke：抽菸有害健康及體能，若要抽菸要在有規範之地點，不要影響他人，與客戶商談時也要注意嘴巴中的菸味是否使客戶不悅。

social：人是社會的動物，與各層面的人爲善，打成一片，互敬互重。

soft：以柔軟的心胸對待客戶。

solve：以有耐心、翔實的態度多去幫客戶解決各種購買上之問題。

speak：說話技巧、語氣要多訓練，以達專業成熟之境界。

statistics：要重視蒐集各項有關的資料做科學性的分析，以利推銷之進行。

strategy：要有戰略性的思考、計畫及行動。

stress：不要給自己太大壓力，以輕鬆愉快的心情工作。

study：要有研究以提升自己專業化的精神。

suggest：要隨時將第一線之實際情形反應給公司上層知道及提出適當建議。

system：要有系統化的作業程序及方法。

業務主管角色扮演策略

好的業務主管，不是自己會做業務，有好的個人績效，而是要善於管理企劃、分配、教導、補助其所領導的業務人員能有好的業務績效。

業務主管須協助業務人員業務之方向、技巧之提升、重點式之支援、困難之解決及適時幫助成交。當介紹主管與客戶見面時，要告訴客戶：這是XX經理，並告訴經理：這是XX先生、XX太太。並將先前之解說狀況及客戶反應簡要重點告訴經理：「XX先生、XX太太對商品基本上很認同、很喜歡，也使用得到，但是他們有一些小問題，若付款方式能輕鬆地進行，若這些問題可以得到滿意解決，他們很願意購買此項商品與服務。」

當經理試圖協助您達成成交時．您的立場在坐、站時要與客戶坐、站在同一邊；勿打岔主管與客戶之商談，只在有適當時機時對客戶鼓勵及略加解釋補充、招待，重點由經理掌握即可！

等待經理談完後，客戶要考慮時，您再繼續與其溝通，並適時以小禮物、點飲料招待……做最後促成成交之力量。

購買要素策略

「利潤是企業爲社會人群服務的報酬」；在購買過程中各個重要環節上，客戶購買之要素爲何，要予以研究以使在關鍵時發生力量。一般而言客戶之購買行爲要素受下列之影響：文化背景之因素、社會因素（家庭、角色地位……）、個人因素（年齡、職業、生活風格、生活方式、個性……）、心理因素……。

在經由業務人員之刺激購買需求及購買情況且導引其產生購買需要之後，客戶會決定是否要購買之決策。要購買些什麼？要以何種條件購買？及如何購買？

當客戶產生購買興趣、意願後，要瞭解不同之客戶有其不同之購買風格之組合，並予以針對其不同之購買風格加以說服。

客戶之購買風格有以下之五種基本型態：

1.漠不關心型：沒有決策權，對推銷人員及購買關心程度低。

2.軟心腸型：寧願花錢，不願受氣、受人情壓力，對推銷人員很關心但對購買關心程度低。

3.防衛型：小心謹慎對推銷人員不友善。

4.幹練型：頭腦冷靜，理性分析，客觀判斷。

5.尋找答案型：明確知道自己的需求，要配合市場資訊、行情理智購買能完全滿足其需要之商品。

促成客戶採取購買行動，不只要瞭解客戶的購買風格及其購買行爲要素，尚要瞭解自己的推銷風格。

推銷人員之推銷風格有以下之五種基本型態：

1.漠不關心型：沒有進取心、沒有明確的工作目標及方向。

2.顧客導向型：重人際關係之推銷員。

3.強銷導向型：只關心銷售成果，不重視與客戶之關係及購買需要的心理。

4.推銷技巧導向型：重視購買心理面，而較不重視客戶實際需要，使客戶高興地買一堆沒用的商品。

5.解決問題導向型：善於瞭解客戶心理及實際需要，也充分瞭解自己的推銷技巧，將二者結合，滿足客戶需要取得最佳推銷效果。

把各種購買風格及推銷風格組合起來，可以得知解決問題導向型的推銷成交機率最大。推銷技巧導向型和顧客導向型次之，而漠不關心型幾乎無推銷競爭力。促成購買的條件在於針對客戶心理上實際需求，以滿足客戶之需求才有最好的推銷績效。

問題與解答法則

預先將客戶可能提出的問題設想出「答客問」（Q／A；question／answer）並一一予以標準話術做解答解說，訓練有素熟練後才開始拜訪客戶，否則，客戶若對您的專業不信任，將使績效大打折扣。

以下茲舉二例爲參考：

例一：房屋仲介人員Q／A

Q1：仲介人員信用不可靠，我們不敢委託。

答：1.用「爲什麼說仲介人員不可靠」反問，探出其原因。

2.是的，仲介有好幾種，良莠不齊。所以您一定要找信用可靠、不經手屋款，有經營理念的仲介公司來委託。我們的信用最好，您可透過我們的客戶供您查證。

Q2：仲介人員都把價格壓得很低，賣主損失太多。

答：我們估價的方式是經過市場調查，再由電腦處理後所開出的合理價格。今天我來是要分析市場行情給您知道，而不是要來殺價的。我們所站的立場和您是一致的，是要來幫您解決問題的。一些同行在外爲了搶case照價簽回而賣不掉，白白浪費時間及銷售機會，反而耽誤了您寶貴的時間。

Q3：希望不張貼紅紙，不讓鄰居知道在賣房子。

答：1.針對自尊心及名譽問題予以適當的解說與溝通。

2.處理房子時，刊登的是本公司的電話，別人是不會知道的。貼紅紙有利過路客的掌握。

Q4：成交後，價款我要先拿清楚，買方若要貸款再自行貸款。

答：以上提供貸款，利於銷售。現金買賣和貸款時間差別不大，我們負責屋款全部收清後才終止契約關係。過程中，我們還要求買方開本票，並到法院公證。必要時，還可辦理抵押設定。

Q5：不必訂約，你我雙方都可賣，誰先賣出就通知對方。

答：不訂約當然可以！但一定會拖延銷售時間。訂約後我們會積極替您做廣告以專業的方式來銷售，保證效率快、安全可靠，免使您掛慮煩惱，也可預防一屋兩賣的困擾。簽訂委售契約，公司方能撥出廣告、人事費用來爲您的房屋做最有效率的運作。

Q6：屋主不肯告知目前所居住之地址。

答：1.如果鑰匙是放在管理員或鄰居處，則以買主身分打聽賣主之地址。

2.若只知屋主電話時，則以別的行業身分或以贈送東西爲餌問出其地址。

3.以門牌號碼調閱謄本即可查出住址。

Q7：我懷疑你們的銷售能力。

答：這一點我可以向您們保證絕對沒有問題！因爲我們的銷售人員進入本公司後，都必須先接受本公司專業訓練後才到現場作業。所以在客戶應對及判斷能力上都已非常熟練，更能掌握買主的心理動向。必定能讓您的房子在短期間內成交。我們可拿出附近成交個案的成果讓您過目，以證明我們的銷售能力。

Q8：我們自己賣就好了，不須要委託！

答：是的！自己賣也可以。但是若委託給我們的專業人員來處理，不僅可快速成交；既安全又可靠，讓買賣雙方都有保障，您還可以專心您的工作，不必爲此分心、擔憂。

Q9：能保證在一定的時間內賣出就交給你們代賣！

答：我們銷售房子的經驗已有多年，經驗豐富，所以銷售成交率高。因爲愈快賣出，對我們雙方都好。而且現在決定，明天立即可以見報，可快速的展開銷售的動作。

Q10：白天我們沒人在家，你們來了，屋內的東西丟了怎麼辦？也不方便。

答：這一點請您放心好了！我們的售屋小姐都經過很嚴格的訓練和保證。若您不放心，本公司可以向您立保證書，若屋內的東西有遺失，由我們負全部責任。或者您可把鑰匙交給鄰居或親戚朋友，我們儘量配合您的方便就是。

Q11：委託可以，但可不要一屋兩賣，鬧出問題來。

答：不會一屋兩賣的，因爲簽買賣契約書時，屋主本人一定要出面，所以只能一賣。

Q12：訂合約這段期間，我們不能賣，若你們賣不出去，不就誤到我們的時間了！

答：我們售屋經驗豐富，人力充沛，同時有廣告及其他條件配合之下，依照我們過去的經驗有絕對把握能把房子賣出去。合約是保障雙方的，若出售時間延長，則我們的廣告、人力……等都要相對地提高成本，所以我們一定會全力以赴及早完成交易的工作。

Q13：合約簽了，你們沒有派人處理的話怎麼辦？

答：我們簽約後，立刻準備企劃工作。如廣告、門面整修、派請銷售小姐等一連串的工作立即展開；保證短期間內賣出。我們絕不會不派人處理的，因爲要做生意，也要顧聲譽，請您放心。

Q14：你們的作法前後不一致，簽約時說的是一套，簽約後說的又是一套！

答：不會這樣的！您有相當的經驗及閱歷，所以您一定會選一家信用可靠的仲介公司。而且我就是代表公司，可以作主和您簽約，若有問題，公司和我都會負責到底的！

Q15：請你們先借款，等房子出售後再扣回。

答：1.我們可以早日代爲銷售，以解決本項問題。

2.原則上可爲您先向銀行辦理貸款後即積極進行銷售事宜。

Q16：請你們免費替房子裝潢。

答：我們免費代爲廣告、銷售，油漆工、壁紙師傅我們可代爲介紹。

Q17：貼紅紙條若被環保局開罰單時，費用得由你們負擔。

答：是的！當然這由我們負擔。因爲紅紙條上寫的電話號碼是我們公司的，環保局是針對電話寄罰單，所以絕對不會牽累到您。必要時在合約上也可以註明。

Q18：委託仲介公司賣，房價開得太高，會賣不出去。

答：買賣房子，都有一定的行情，一般人都會打聽行情的。我們公司開出的行情一定更是合理的行情，因爲我們有市場調查，所以對行情很瞭解。要不然開價後賣不掉，我們的廣告、人力都損失了，那才划不來呢！另外加上我們高效率及專業促銷技巧，相信能很快成交，並達到合理的價位。

Q19：委託的時間要在三天到十天內。

答：因爲房地產買賣金額較大，故須較長的時間考慮，再加上我們事前準備及策劃的時間，故時間要較長。

Q20：別家出的價錢比你們高，也說有把握賣出。

答：價錢高可能的原因是對行情不瞭解，簽約了賣不出去，吃虧的還是您。說有把握賣出去，光說是沒用的，是搶生意的技巧而已。

Q21：請每天做廣告，超價部分對分。

答：簽約後，公司會立即策劃每天做廣告。因爲底價就是行情價，我們只加十幾萬元做爲客戶殺價用的。我們以售出爲原則，並強調售後服務與品質，以求獲得下次服務的機會。請千萬不要超價對分，賣高部分均歸業主，我們只收固定服務費。

Q22：別家收的佣金比你們少。

答：我們合約所謂的價格是成交價格，並無額外利潤可收。我們所提供的是完善服務，廣告、用人費用等各種作業的開銷均來自佣金。提供高品質的服務，薄利多銷，是我們經營的原則。

Q23：委託仲介公司，太麻煩了！

答：委託給我們專業人員處理，不但可減少您精神負擔，節省您寶貴的時間，還可避免他人擾亂或存心不良之買主詐欺的風險，而且免費代做廣告促銷，會更快賣出的。

例二：商業型聯誼會Q／A

聯誼會成立之正式名稱爲何？聯誼會以何名義？聯誼會企業主爲何人？有何相關企業？

什麼背景？誰是老闆？誰是總經理？誰蓋的？投資者是誰？聯誼會負責人是誰？聯誼會投資者是誰？聯誼會如何規劃？管理公司對俱樂部提供何種服務？聯誼會之投資興建之業主是誰？聯誼會若經營不善，如何處理？聯誼會會員增加時，服務品質之保證？聯誼會之素質爲何？聯誼會會員招收數量？聯誼會員工有多少人？聯誼會未來會員證的轉售？若想安排親友參觀有無交通接送？由市內來參觀會所之交通提供？能否提供便捷的交通路線？聯誼會是否有免費停車位？聯誼會會員停車費如何計算？停車收費辦法？停車場收費嗎？建築設計是誰設計的？室內設計是什麼人？聯誼會在哪裡？如何申請入會？入會費用如何？會員是否有限額？使用設施時，是否需另付費用？加入會員後，若邀請親友進入聯誼會，有何限定？另親友是否也能享有同樣的權益？會員爲什麼要交月會費？聯誼會目前籌備的狀況？主要的設施有那些？初期有那些設施可以使用？會員的權益與義務是什麼？會員卡可否轉讓或退會？聯誼會何時開幕？初期開放將有哪些設施？完工後設施會增加哪些？初期營業之開放時間爲何？本聯誼會之營業時間爲何？會所開幕後的營業時間爲何？創始會員之優待情形與時限？預估招收多少會員？會不會很多會員？有那些人入會了？目前有多少會員？會員推薦朋友加入有何好處？本聯誼會是否有試行營運期？本聯誼會若有試行營運期，會員從何時繳交月會費？何時開始招募會員？會員類別大約是哪幾種？何謂家庭會員？何謂個人會員？創始會員及一般會員有何差別？創始會員有何優待？是否有分長短期？會員入會時，付款方式如何？非住戶會員是否限量？會籍可否轉讓？會員可否指定開始使用日期？會員繳了會費，是否即日就可使用設施？會員可否請假？若帶親友進入聯誼會，有何限定？會友要使用設施，費用如何？會友可使用哪些設施？會員卡以後能否借給親戚使用？會所設施爲何？聯誼會設施如何使用？聯誼會設施如何收費？住戶與非住戶設施收費有何不同？會員能享受什麼優惠？小孩要付費嗎？月會費如何繳付？會員在本聯誼會之消費付款方式？款待朋友吃飯，消費打不打折？一定要訂位嗎？遇到撞期時，會員是否有預定或保留使用場所的優先權？有會議室嗎？有哪些餐廳？會員的來賓人數是否限制？游泳池的管理及清潔方式？游泳池衛生管理問題？是否經常性的舉辦活動？今後是否會有健康課程的設計及其他聯誼活動？小孩可以和父母進入三溫暖嗎？小孩使用設施有年齡限制嗎？是否提供教練……。

利弊得失策略

利弊得失（SWOT）策略如下：

「利」即指本身企業或商品之優勢面（strength）。

「弊」即指本身企業或商品之劣勢面（weakness）。

「得」即指本身企業或商品之機會面（opportunity）。

「失」即指本身企業或商品之威脅面（threat）。

將企業或商品的優點有利特色資源及缺點，可能的機會點及所可能面臨挑戰異議的威脅點先自行評估分析，以尋求解決面之合理化妥善因應。

兼職人員策略

企業除了有正規的業務人員拓展業務之外，也可採用兼職人員（part-time／free-lance）以純粹佣金制的方式或傳銷方式來拓展業務，以節省人員的固定費用。

兼職人員也一定要有所規範，經過訓練後，才可從事業務的推展，且可要求某一特定時間到公司開會一次，並要求其在外之行爲話術不可逾越所授權的範圍，不可任意欺瞞客戶做不實之誇大。爲求有效合理的管理兼職人員，則必須訂立管理辦法或守則，由雙方約定並定下書面文件以便有所約束。

以下茲以五星級商業聯誼會僱請特約兼職人員之管理辦法爲例：

〈特約業務人員管理辦法〉

本聯誼會爲階段性拓展會員招募業務，得以僱用特約業務人員，針對該人員之管理，悉依本辦法辦理。

任職條件：

凡年滿三十歲以上之男女（男役畢），高中畢業以上，其有三年以上之業務經驗，良好之人脈關係者。

工作職掌：

負責本聯誼會招募會員之業務工作。

待遇：

特約業務人員係本聯誼會階段性雇用人員，非正式員工，無固定薪資並不得享有正式員工之福利。每月按個人業績，依據本聯誼會之「特約業務人員獎金辦法」結算獎金金額，於本聯誼會每月發薪日統籌發給，並得依稅法代扣個人綜合所得稅。

一般人事管理規定：

1. 報到：經錄用通知報到並繳交下列證件：

(1)身分證影本。

(2)學經歷證件影本。

(3)保證書。

(4)個人二吋半身正面照片（最近三個月內）二張。

(5)「特約業務人員同意書」。

2.出勤

(1)無固定上下班時間、出勤不打卡，視個人需求可至公司辦理有關事務，唯需遵守辦公室規定。

(2)每周一次參加業務會議（依規定時間開會），二次不參加者，不論任何理由終止特約關係。

(3)一周以上不在國內者須事先向公司主管人員報備。

3.終止特約關係

終止特約關係時特約業務人員須書面向主管人員提出，並於一周內繳回公司各項資料、名片、檔案櫃鑰匙……等。

4.教育訓練

(1)公司提供二日之教育訓練，特約業務人員開始作業前必須參加訓練。並經主管人員檢核通過始可執行業務作業。

(2)會務部其他實務、業務技巧訓練課程，特約人員方可參加。

5.資源

(1)公司提供名片印製及簡介、文宣品、印刷品等，唯需提出申請，限量使用。

(2)公司提供電話以供開拓業務使用。

(3)公司提供檔案櫃以供特約業務人員資料存放。

一般作業規定：

1.業務作業流程

(1)特約業務人員須提報個人人脈客戶檔案資料，未提交者，公司不予保障與組織內正式人員之客戶重疊部分。所提交之客戶名單皆交由會務秘書存檔，如已有與他人客戶重疊者，將事先剔除，公司保留二個月時間保障特約業務人員成交，超過時間須再次提出申請保留即將結案之名單，否則不予保障將來與他人業務重疊部分。

(2)入會流程圖。

(3)業務人員注意事項：因代表聯誼會對外形象，業務拜訪時請注意服裝儀容規定如下：

①女性需著套裝窄裙，男性著襯衫、領帶、深色西裝。
②不得帶誇張的配飾。
③手指甲須保持清潔，不可擦鮮艷指甲油。
④頭髮以整齊、清潔爲主，不可披頭散髮，遮蓋到臉部。
⑤不得穿涼鞋，須穿包腳高跟鞋。
⑥女性臉部須上淡妝。
⑦女性絲襪須膚色，若不小心勾破須馬上換。

2.財務作業流程

(1)入會費以收取支票爲原則，並應開立公司抬頭、禁止背書轉讓之支票。

(2)特約人員一旦收到入會申請表格及支票後須立即向公司主管人員提報，並至公司繳納入會之申請表、資料（相片、身分證影本……）、支票等。如超過三日，公司將予以追訴。

考核：

1.個人業績特優者，由會務主管簽辦獎勵。

2.凡因個人行爲於執行業務時有損及本聯誼會之利益或作不實承諾者，一經查獲，本聯誼會得追回業務獎金，立即終止特約關係並保留法律追訴權。

約聘人員獎金辦法：

1.底薪：無。

2.健勞保：自理。

3.獎金：無基本業績，業績之X%爲獎金。

4.約聘人員須簽署約聘人員管理辦法同意書，並遵守該管理辦法。

5.每招募一位會員入會，得發三〇〇元爲會務秘書工作獎金，由獎金中扣除核發。

薪資佣金與晉升策略

爲提升業務人員的績效，要訂立薪佣計算方式與晉升辦法以有效激勵業務人員努力工作。業務人員若不努力工作創造業績績效，則企業無利潤將不能在市場中正常運作及生存。業務人員薪資佣金關係有基本二種型態即薪資高，相對地佣金比例低；薪資低，相對地佣金比例高。企業爲求降低人事成本，常將業務人員的薪資水準降低，而以其個人努力的成績績效之不同，得到不同的佣金比例金額。

因爲商品特性不同之複雜性、價格高低不同之差異性、購買之頻率、市場大小之不同、顧客消費者市場區隔的不同企業經營目標之不同……等等之不同而來決定要採取何種薪資佣金比例關係。

薪資佣金也應隨業務人員的表現而分有不同的等級以激勵其努力工作求取最高之報酬。佣金獎金也可區分爲多種類別，如個人獎金、績效獎金、工作獎金……以茲激勵。

以下茲舉一五星級商業聯誼會之會員服務部薪資獎金計算及晉升辦法爲例：

〈會務部薪資獎金計算及晉升辦法〉

目的：爲激勵業務推廣，特訂獎金辦法、晉升辦法。

會務部組織：

1. 經理。
2. 會務專員。
3. 會務秘書。

獎金計算辦法：

1. 個人獎金

業績	百分比
三十萬	X%
三十～六十萬	Y%
六十萬以上	Z%

2. 績效獎金

連續三個月個人業績結算均達一百萬（含基本業績）者，加發獎金新台幣貳萬元整。

3.工作獎金

(1)會務經理：每月以整體業績超過部分之總額的百分之一金額作爲領導獎金，以茲激勵（不含free lance之業績）。

(2)會務祕書：協助辦理入會手續事宜，每月得發工作獎金，獎金計算以會務人員達基本業績後每名會員二百元以爲工作獎金。

4.業績辦法

(1)到職：自報到日起十五日內爲受訓期間不要求基本業績。若第一個月受訓期即完成會員入會，即依工作日數比例計算業績並核發獎金。

(2)會務專員每人每月基本業績達三十萬，俟三十萬以上始核發獎金，未達基本業績時，可採連續二個月累計補足方式，如連續二個月累計達基本業績六十萬，於六十萬以上始核發獎金。

(3)獎金發放日期，固定於每月十日核發。會務人員離職時，獎金照常於支票兌現日之次月十日核發。

(4)入會費開立當月期票者，獎金可以兌現的次月十日核發，當月辦理入會申請而開立遠期期票者，計算業績但獎金於支票兌現日次月十日核發（獎金核發當月不再累計業績）。

5.晉升辦法

會務主任：會務專員於任職期間績效及規劃能力表現優異者，或持續二個月業績表現特優者，經主管報請總經理核准後晉升爲會務主任。

6.獎懲辦法

連續二個月合計未達基本業績者呈報議處。

成功案例舉證策略

以他人購買後之經驗向客戶舉例說明，配合其來函題字以加強客戶的信心。善於使用舉例運用名人、權威人士、情況相近人士之案例來分析解說說服客戶。「某某人／公司與您也有相同之問題，但使用此商品後，問題都能很快妥善改善解決」、「某某人／公司購買後很滿意又推薦他人前來購買，且本人也追加購買再次重複消費」。

經營理念策略：

一個企業一定要有其立業之宗旨、理念及使命（mission）目的，才得以依循此一精神，造福社會人群。

茲以一休閒健康俱樂部爲例：

1.宗旨

本企業爲回饋社會人群，創辦以健身、休閒、親子及餐飲服務之會員專屬聯誼場所，以開創全新完美的生活風格。

2.經營理念

(1)國際水準的硬體裝潢及設施，搭配專業經營管理及服務達到百分之百之顧客滿意。

(2)提供孩子一個自由、歡樂、鍛練體力與智力的快樂天堂。

(3)創造一個父母安心、孩子開心的教育園地。

(4)以健康及親子之軟體規劃及以會員爲尊的貼心服務，使會員全家稱心如意。

3.經營哲學

凡事以愛爲出發點，以客爲尊，群己和諧，以有正確思想的環境爲文化，以永續經營爲原則，以誠信服務爲目標。

企業除了有其宗旨、經營理念、使命、哲學，尚可將宗教思想帶入企業體之內，以使企業更充滿生命力，更造福人群，勞資關係更和諧，人員流動率也更穩定，且易建立起共同的價值觀，企業的文化也較容易建立。

茲另舉其一企業爲例：

「公司的管理不全是採宗教的靈修，整個公司的企業文化比較像是學校或家庭；創辦人雖是虔誠的某一宗教徒，掌握公司實權的高階人員則不全是信仰同一宗教，也不會硬性要求員工改變信仰。公司每個星期一都有早課，從早上八時到九時，且規定全體員工都要參與，帶員工唱詩歌，還會請講員與員工討論家庭切身問題；公司最具特色的是多樣性的社團活動，有宗教性的團契以關懷員工生活爲主，還有攝影、園藝、電腦社等，經費由公司統一提撥，團務則由各社團幹部自行處理。」

他們發現參加社團的員工，流動率非常低，且內部氣氛更融洽，人際關係更能正常發展；此外，由於以漸進方法將宗教教義融入，企業也表現出不同於一般營利企業的現象，而公司的最終目標是勞資平等，老闆員工間易建立起合作、互信的關係，有利企業提升整體競爭力。

表格管理策略

公司統一制訂簡易的標準格式之表格，以利推銷人員平常之業務行政管理。有效掌握客戶的訊息予以追蹤連絡，並將日常工作績效情形讓主管、公司能清楚掌握。以便公司、主管做考核輔導決策之用。

常用的表格有：客戶資料表、業務日報表、潛在客戶名單表、業務執行報告表、月分業績報表、工作進度表、本周工作進度表、工作人員輪值表、周工作報告表、月工作報告表……。

節慶節日運用策略

在各節慶節日的時候較有歡愉氣氛，可適時給予客戶讚美、送紀念品、小禮物以建立良好關係。有效運用各種節慶節日也是推銷、促銷、行銷的重點。

以下茲列出我國節日一覽表及美國的國定假日為參考：

我國節日一覽表	
一月一日	開國紀念日（元旦）
一月十一日	司法節（消費者保護日）
一月十五日	藥師節
一月二十三日	自由日
二月四日	農民節
農曆正月初一	春節
二月十五日	戲劇節
二月十九日	炬光節

農曆正月十五日	元宵節／觀光節／上元燈節
三月一日	兵役節
三月五日	童子軍節
三月八日	國際婦女節
三月十二日	植樹節（國父逝世紀念日）
三月十七日	國醫節
三月二十日	郵政節
三月二十一日	氣象節
三月二十三日	世界氣象節
三月二十五日	美術節
三月二十六日	廣播節
三月二十九日	青年節（革命先烈紀念日）
三月一日	主計節（西洋愚人節）
四月四日	兒童節
四月五日	清明節／先總統蔣公逝世紀念日
四月七日	衛生節
四月八日	保護動物節
四月二十九日	鄭成功復台紀念日
五月一日	勞動節
五月四日	文藝節

五月五日	舞蹈節
五月十日	珠算節
五月的第二個星期日	母親節
五月十二日	護士節
六月三日	禁菸節
六月六日	工程師節／水利節
六月九日	鐵路節
農曆五月初五	端午節／詩人節
六月十五日	警察節
七月一日	漁民節／公路節
七月五日	合作節
七月十一日	航海節
七月十二日	聾啞節
八月八日	父親節
八月十四日	空軍節
農曆七月十五日	中元節
九月一日	記者節
九月三日	軍人節
九月九日	體育節／律師節
農曆八月十五日	中秋節

九月二十八日	教師節（孔子誕辰）
十月十日	國慶日
農曆九月九日	重陽節／老人節
十月二十一日	華僑節
十月二十五日	台灣光復節
十月三十一日	先總統　蔣公誕辰紀念日
十一月一日	商人節
十一月十一日	工業節／地政節
十一月十二日	國父誕辰／中華文化復興節／醫師節
十一月二十一日	防空節
十一月二十七日	忠孝節
十二月五日	海員節
十二月十日	人權節
十二月十二日	憲兵節
十二月二十五日	行憲紀念日／民族復興節
十二月二十七日	建築師節
十二月二十八日	電信節

美國國定假日如下：

一月一日	新年
一月的第三個星期一	金恩牧師紀念日

二月的第三個星期一	總統紀念日
五月的最後星期一	戰亡紀念日
七月四日	獨立紀念日
九月的第一個星期一	勞動節
十月的第二個星期一	哥倫布日
十一月十一日	退伍軍人節
十一月的第四星期四	感恩節
十二月二十五日	聖誕節

成交締結策略

推銷過程中最後的收割動作很重要，前面的開發、布網、收網做得很好，但在最後一刻更要把握良機，沉著成熟有技巧地予以應對，才可享有好的績效。

促成成交需要以熱忱、誠懇、專業、成熟的態度，並瞭解其立場但不同意其異議之觀點來處理，幾乎任何一面皆需予以滿足，締結（close）才易達成。

成交締結的技巧有以下方式可供參考：

締結成交時，不要緊張，以肯定的態度稱讚他；使用現金折扣或其他促銷手段請其做成熟的立即決定；締結成交後要立即與之握手，表達感謝、恭喜之意，並表達沒有賺錢，是客戶掌握到好的時機；引見高級主管成交法；稱讚他非常有眼光，這是最適合其身分、品味的商品，有智慧的人才會買此項商品；運用其照顧其家人、妻子、小孩之關係來促成；運用恐怖訴求來促成：運用人情關係來促成；告之若未購買將比購買損失為大；締結時可立即施與小惠送紀念品、點飲料……來促成；給其有限量限額馬上會截止，會漲價的感覺；成交要早（告訴他爲第一個購買者），要適中（很多人趕著購買），要晚（你並不是第一個購買的人）；告訴他從各種角度來看都是一件好事，好事要把握機會；留有預留空間籌碼成交法，以便以降價……之手段來促成；告訴他有一好消息要告訴他，他有一個好的機會，只看他是否有此好運去擁有它；不要忘了帶計算機以便計算價格、數量……之用；告訴他這是您所賣過最低的價錢；可詢問其有關資料，向他借筆或有關證件，幫他塡寫購買單據，最後請其簽名或蓋章；以接續的詢問句來促成：「您看到其省錢的地方了嗎？」，「您有興趣選擇省錢節流的商品嗎？」；以如果／假設……的心理情緒來促成：「如果本公司商品，可以……，您願意購買看看嗎？」；直接要求：「我現在就開兩台機器的訂單好嗎？」；以逐項重點獲得同意來促成：「您喜歡此商品吧？」→「您會用得上吧？」→「您認爲此項商品比他公司的好吧？」→「您認爲購買此類商品將有很多利益好處吧？」→「若價格合理，付款輕鬆，您就會購買吧？」；以假設語氣促成：「你顯然已經決定了，我們現在唯一的問題是，你需要何種品質的原料，以便下個月就開始生產。」；以預留降價、特別好處之空間，在最後關頭促成；強調立即決定的立即效益來促成：「若現在就開設戶頭，你今天就開始有利息收入！」；以各種促銷手段，消除延遲購買使其即時購買來促成：「此商品爲熱門商品，很快即將售完，很快即將漲價，優惠活動即將截止……」；使用第三者參考資料：「甲公司的情況跟你們很相像，他們已在這方面投入許多資金，而且已降低人事成本，你若如法炮製，不是也能享受同樣的效益嗎？」；以二擇一法來促成「要紅色的或白色的呢？」；以理性、感性方式來促成；以條列摘要重點方式來促成；以不容易得到的心理來促成：「人們都喜歡最不容易得到的東西。」；以約束促成法：「借用電話和公司連絡……」、「借用筆來塡寫訂購單」、「借計算機來計算金額、數量……」；針對最後反對意見來促成；以幫他規劃設想購買後之情景來促成：「此商品購買後，要放在客廳或廚房呢？」；以幫忙塡寫訂購單來促成，在其不主動反對的情形下，順理成章完成結論；以多種可供選擇方案來促成；以較寬交易條件之方式來促成；分期付款、信用額度……；以試用來促成。

心態健全策略

推銷人員的心態要健全、要歸零，拜訪客戶不要一味地只想推銷商品，只想賺錢，如此則易適得其反，先友後銷，邊友邊銷才是一種較好的方式。與人爲善，以朋友之立場爲客戶規劃購買商品的利益好處。

在心態方面有——HEART可供參考：

H（honesty）：誠信爲業務第一守則。

E（ego）：自我人格性格要塑造完美成熟。

A（attitude）：有正確思想行爲之態度。

R（reserve）：有寬廣的包容心，包容缺陷的態度才是完美。

T（tough）：有堅毅的愛心、信心及努力向上爲善。

業務管理計畫／控制／指導策略

一個企業若把推銷業務人員當做工具看待的心態，是短視的眼光；推銷人員要有效予以有計畫（plan）管理教育訓練輔導並予以有效控制（control）、指導（direct）才能使其全心全力爲企業來服務。管理工作上皆會有盲點。要幫助下屬成功，主管才會成功。好的主管不是只自己善於推銷工作而已，而是要能使下屬善於推銷、善於表現能力。不搶下屬功勞、體諒下屬苦勞，相互合作搭配一致對外才能雙贏（win-win）有良性循環的效果。

每月可固定與同仁聚餐一次，可由公司提撥第一比例的基金。與業務人員從其薪資中也提到第一比例，以聯誼的方式使彼此感情良好，也紓解一下一個月來的辛苦。

管理循環即是指要先做詳細的計畫（plan），予以有效控制（control）並予以指導（direct）後再予以重新計畫、控制、指導之流程循環。

1. 計畫面（plan）

依其性質可分爲企劃、規劃、策劃、計畫、籌劃……在作者另一本書中將會詳細介紹。在此先不做細部介紹，只以概略性作法爲介紹：

業務推展首須擬一業務推展之計畫大綱，再依此一計畫行事：

〈業務計畫大綱〉

推銷管理包括組織、計畫、銷售預測、預算、時間管理、區域管理、徵募選甄選訓練育成待遇晉升、獎勵、執行考核、控制與指導。

(1)人員編制（經理／業務主任／業務專員／兼職人員……）。

(2)人員徵募、甄選、訓練育成：人員招募有報徵方式及員僱方式（即同仁介紹來公司工作）。

增員要注意以精選爲原則，好的業務人員才會爲企業帶來利潤，不佳的業務人員只會爲公司帶來很多負面的影響。

訓練育成要有整套的訂定訓練計畫，教授各項要領沙盤演練管理要嚴格，使新進人員一到公司即先要服從企業的文化理念。不要將外在的壞習性帶到企業內來。

教育組訓基本上有職前訓練及在職教育。

企業要有計畫培育人才、留住人才、挑選人才、吸引人才、訓練人才、善用人才、提攜人才，到留住人才，皆要有計畫從事。

(3)建立組織體系：業務副總／協理／經理／襄理／主任／業務專員……。

(4)爲使推銷人員工作有所依循要擬定「工作說明書」以表達其主要工作內容職掌及權限範圍。

(5)訂定薪資佣金獎金辦法。

(6)擬定業務專案（project）計畫。

舉例如下：

XX保全是您安身、安心、安家、安業、鎮宅的好鄰居專案；

自助互助保障您的一生，三百六十五天全年無休。

(1)性質：保全服務業之二次革命

全方位服務的保全時代來臨了，提供您保全的永續服務／全民保全時代的來臨（全民保全連線）。

保全的感覺眞好，讓每一個人更放心加入會員的第一件事，便是喝口茶、伸伸懶腰、安身、安心、安家、安業、鎮宅的事全交由協會爲您服務。

(2)方式：成立「保全系統品質保障協會」及「保全系統使用戶聯誼會」。

(3)地點：與總公司合署。

(4)宗旨：提供安全產業之諮詢、發展與保障。

集合小眾成一大群體，爭取此一大群體之共同利益，推動保全業之健全、法制化及保障、爭取客戶應有之理賠等等權益。

幫助小店面使用戶員工福利之整合，爲所有保全系統使用戶換上量身訂製的新衣，延續所有的安全與平安。

(5)會員：榮譽會員，創始會員，贊助會員（現有客戶）及一般會員（優惠會員）；年費屬性爲會員制聯誼方式，再導入公司之業務。將所有已裝保全系統之使用者之予以整合。

(6)發展：發D.M.給各使用戶或未使用戶，以各種活動來爭取其先加入此協會再換裝本公司系統由本公司來主導。

(7)權益：年度旅遊、舉辦公益活動、冬令救助、世界性慈善活動之參與、安排各種活動促銷、社會服務之整合、讀書會、舉辦講座（請會員主講其成功經驗、名人講座、舉辦保全大展、開辦青年領袖學苑或聯誼會、美滿人生學苑……），使會員及其員工青年交友聯誼、聚會……。促成彼此互相打折優惠，聯合促銷卡（認同卡），一卡走遍世界（使用XX保全讓您翺翔千里享盡優惠），加入會員可享用特約保全公司之家用保全優惠；憑會員資格享有XX保全之優惠及本會之福利權益，名店走訪（名店選拔）……。

以協會名義頒發合格之「安全設計師」或「保全規劃師」之執照，以專家或顧問之身分來推展業務，塑造保全先驅、保全權威之企業形象。

「免費現調優惠卡」之發放，由XX保全承辦「免費現調服務」。以開發信、D.M.使有意願者主動來電詢問，增加業務切入點。也可針對特定對象與獅子會、青商會、扶輪社、各公會……共同承辦直接與五百家大企業、股票上市公司……聯繫洽談。

與保險業、防盜器材公司共同聯合促銷、策略聯盟以拓大會員的權益。

2.控制面

推銷業務執行中每一要項皆要有效預先控制（control）才能創造出好的績效。爲求有效控制，首須有一流程圖，才能全面地、有步驟地去控制、掌握每一步驟動作的細節。

3.指導面

推銷業務工作有好的報酬及遠景但也很競爭也很辛苦，企業主管如何予以有效指導(direct)，使業務人員在每一階段中都有正確的方向，才能使推銷業務人員不斷成長、不斷創造出好的績效，替公司獲取更大的利潤。

指導面除了在各種理性能力方面的指導，在感性情緒方面亦應重視，畢竟人不是機器。在工作上、在人情事理上、在人際關係應對進退上、在人格塑造上、在能力培養上、在壓力舒緩上、在創造高業績績效上……，皆須適時予以指導。

OPP策略

商品推銷可運用各種集會講座說明會地方式，有系統地予以介紹企業概況、商品內容……，以有效率的方式向較多的人數做說明，再以個別說明促成最後的成交。

OPP爲「Business Opportunity Meeting」之縮寫，意爲事業機會說明會，有以下多種方式：創業說明會、講習會、激勵大會、家庭聚會方式、媽媽教室、多元式聚會法、會後會……。

OPP方式爲一種一網打盡方式，有別於登門拜訪（door-to-door）之方式，可以用業務人員邀約之方式，或公司設有一專門電話行銷小組來邀約之方式，以客戶較方便之時間、地點，邀請至公司或外租場所進行群體式說明。

OPP之基本上流程：

來賓進入會場→簽名→應邀前來→接待人員連絡邀請人→安排入座→上茶水→正式開始

→主持人開場白→講師主講→會後談。

OPP講座作業事項基本要點：

1.人員編署

(1)業務部全體人員（備簡介）。
(2)主持人：引言、介紹講師，時間五～十分。
(3)講師：一小時～二小時。
(4)財務櫃檯須就櫃檯定位，表格具備。
(5)行政助理：茶水供應。
(6)櫃檯助理：引導簽名。
(7)接待人員：二名負責連絡，引導入座。
(8)幻燈機操作人員一名。

2.場地配置

(1)幻燈機、幻燈片就定位。
(2)精神標語、廣告、海報、戶外引導指標就定位，會場布置氣氛塑造。

(3)茶水、紙杯。

(4)簽名簿。

3.講座時間

4.會後事項

(1)會談。

(2)善後。

(3)檢討。

OPP推銷說明之內容程序要點：

1.先熱情歡迎（welcome）。

2.將來賓心中的壓力磚頭先丟除（break the pact）。告知其以輕鬆愉快的心情來參與，不要一見面即談商品買賣。

3.先聊聊其經驗，熱絡、認識、寒暄一下（warm up）。

4.以市場調查表瞭解其背景，並進一步能以朋友之關係商談。

5.正式說明會開始，以視聽式方式做整體的分析說明比較。

6.個別補充說明，強調重點。

7.請主管或有經驗同仁協助商談，促成成交。

售後服務策略

顧客就是老闆，有一句話說「顧客永遠是對的」，雖不完全正確，但其表達的服務精神，卻是業務人員須隨時注意的。

服務依過程階段分爲：

1. 售前服務：免費換零件、免費講座、試吃、來就送……。
2. 售時服務：讓顧客參與設計、請喝飲料……。
3. 售後服務：感謝函、服務到家（door-to-door）、「一通電話，服務就到」、維修保證、保固保證、可換、可退……。

服務是使客戶能「萬事如意」，在層次上有物品的服務、機能性上的服務及知識上的服務。

商品於銷售後爲使達到「客戶滿意」（customer satisfaction）的程度，在售後服務上，也要予以重視，使客戶不僅滿意於售前，滿意於現在，於將來仍能成爲品牌忠誠者再次購買，甚至介紹朋友來購買，使口碑效果拓大。

在商品銷售後一個月內可做家庭訪問、電話關懷再輔導解說或寄感謝函予以致謝；三～六個月之間可做巡迴檢查，意見瞭解；一～二年間可詢問其零件狀況，予以檢修；三～四年間可再介紹新產品給他。銷售商品是銷售與服務並行的，爭取一個新客戶比留住一個舊客戶更爲困難，要以好的服務來留住客戶，「以客養客」不僅可獲得好的口碑又可獲得再推薦及其再次購買之機會，而順勢開展新客源。

在服務的態度上，現在是一個自我推銷的時代，不卑不亢，和氣生財，以和爲貴，笑口常開，熱情生動，講理務實，不要守株待兔等客戶上門，要主動爲其設想一切可能對其有利的事項。

另外在重要客戶家有喜事時及一般人情世故上也須隨時保持連絡當成朋友般予以關懷，可以打電話道賀（happy call）也可題詞送匾予以祝賀。

一般常用的題詞表，附錄於後，以供參考。

常用題詞表

1. 賀訂婚

締結良緣　緣訂三生　成家之始　文定之喜　金石同心　鴛鴦璧合　文定吉祥　姻緣相配

白首成約　喜締鴛鴦　誓約同心　終身之盟　盟結良緣　許訂終身

2. 賀新婚

天作之合　心心相印　永結同心　才子佳人　愛情永固　相親相愛　百年好合　永浴愛河

神仙眷屬　新婚誌喜　佳偶天成　百年琴瑟　百年偕老　花好月圓　福祿鴛鴦　天緣巧合

美滿良緣　郎才女貌　夫唱婦隨　珠聯璧合　鳳凰于飛　美滿家庭　琴瑟和鳴　相敬如賓

同德同心　宜室宜家　鸞鳳和鳴　白頭偕老　爪瓞延綿　情投意合　螽斯衍慶　鴻案相莊

如鼓琴瑟　花開並蒂　赤繩繫足

3. 賀嫁女

淑女于歸　于歸什吉　之子于歸　德言容工　百兩御之　鳳卜歸昌　祥徵鳳律　花月良宵

燕燕于飛　適擇佳婿　妙選東床　跨鳳乘龍　乘龍快婿　帶結同心

4. 賀續弦

琴瑟重調　鸞膠新續　寶鏡重圓　其新孔嘉　月圓兩度

5.祝男女壽

九如之頌　松柏長青　福如東海　壽比南山　南山獻頌　日月長明　祝無量壽　海屋添壽
松林歲月　慶衍箕疇　蓬島春風　壽城宏開　慶衍萱疇　天賜純嘏　鶴壽添籌　奉觴上壽
晉爵延齡　稱觴祝嘏

6.祝夫妻雙壽

福祿雙星　百年偕老　天上雙星　雙星並輝　松怕同春　華堂偕老　桃開連理　鴻案齊眉
極婺聯輝　鶴算同添　壽域同登　椿萱並茂

7.祝男壽

東海之壽　南山之壽　河山同壽　南山同壽　天保九如　如日之升　海屋添壽　天賜遐齡
壽比松齡　壽富康寧　星輝南極　耆英望重

8.祝女壽

王母長生　福海壽山　北堂萱茂　慈竹風和　星輝寶婺　萱庭集慶　蟠桃獻頌　璇閣長春
花燦金萱　眉壽顏堂　萱花挺秀　婺宿騰輝

9.賀生子

天賜石麟　啼試英聲　石麟呈彩　弄璋誌喜　德門生輝　熊夢徵祥

10.賀生女

明珠入掌　弄瓦徵祥　女界增輝　喜比螽斯　輝增彩悅　緣鳳新雛

11.賀雙生子

雙芝競秀　璧合聯珠　玉樹聯芬　棠棣聯輝　班聯玉筍　花萼欣榮

12.賀生孫

孫枝啓秀　秀茁蘭芽　玉筍呈祥　瓜瓞延祥　飴座騰歡　蘭階添喜

13.賀新屋落成

堂構增輝　美輪美奐　華廈開新　鴻猷丕展　金玉滿堂　瑞靄華堂　新基鼎足　偉哉新居

堂構更新　福地傑人　堂開華廈　煥然一新

14.賀遷居

良禽擇木　喬木鶯聲　鶯遷葉吉　鶯遷喬木　高第鶯遷　德必有鄰

15.賀商店開業

鴻猷大展　駿業肇興　大展經綸　萬商雲集　駿業日新　駿業崇隆　大展鴻圖　源遠流長

駿業宏開　多財善賈　陶朱媲美　貨財恆足

16.賀金融界

裕國利民　欣欣向榮　輔導工商　金融樞紐　服務人群　信用卓著　安定經濟　福國制民

繁榮社會　通商惠工　實業昌隆　信孚中外

17.賀醫界

萬病回春　活人濟世　功同良相　仁心良術　著手成春　懸壺濟世　華佗妙術　良相良醫

病人福音　仁術超群　醫術精湛　術精岐黃

18.贈政界

政通人和　爲國爲民　造福人群　豐功偉績　口碑載道　德政可風　功在桑梓　善政親民

政績斐然　造福地方　公正廉明　萬眾共欽

19.賀當選

自治之光　眾望所歸　爲民喉和　爲民前鋒　宏揚法治　揚闡民法　輔政導民　民主之光

爲民造福　光大憲政　造福桑梓　讜論宏揚

另於重要客戶結婚周年紀念日，也可予以適當表示關懷祝賀。

依西洋的習慣，隨著結婚周年數的不同，有不同的名稱代表之。茲將各結婚周年紀念名稱順列如下：

一周年：紙婚　二周年：棉婚　三周年：皮婚
四周年：絹婚　五周年：木婚　六周年：鐵婚
七周年：羊毛婚　八周年：青銅婚　九周年：陶器婚
十周年：錫婚　十五周年：水晶婚　二十周年：磁器婚
二五周年：銀婚　三十周年：珍珠婚　三五周年：翡翠婚
四十周年：紅寶石婚　四五周年：藍寶石婚　五十周年：金婚
五五周年：綠寶石婚　六十周年：金剛鑽婚　七十周年：白金婚

附加價值策略

未來的競爭重點在商品服務所能提供之附加價值（added value）上。替商品服務注入生命力，才能產生附加價值，從大處著眼，小處著手，改善、改造、求精求美、求好求巧，以符合客戶之最大利益之需求著想，創造出需求才有價值感，也才有附加價值之產生。

使商品服務物超所值，不僅在功能上之提升，理性上之完整，感性上之增強，更要在創意上有活力，維持商品之良好口碑、品質、降低成本、完善服務、態度親切、準時交貨……，皆可創造出附加價值，使商品服務不只影響購買者，尚且影響有助於其家人……。

購買的價值觀已漸漸擴及全方位的附加價值之提升了。

善用銷售工具策略

凡可運用幫助銷售之正面效果的一切人、事、物皆可有效予以運用幫助成交的完成。此類推銷輔助工具有商品、仿製品、照片、樣品、視聽器材、推銷道具、插圖、圖表、廣告品、圖形、資料文件、目錄、歌曲、打油詩……以有效達到告知、提醒及說服之功用。

善用各種銷售用具，台語有句話：「做生意沒師父，敢拼就賣有」之時代似乎已不長久。如何有效運用各種銷售輔助用具，事先教育訓練之完整及輔導作業之完善才是提升銷售績效的方法。

不論是訪問式銷售法、廣告式銷售法、活動銷售法、贈品銷售法、展示銷售法、電話銷售法、信件銷售法、傳眞銷售法、D.M.銷售法、聚會銷售法、直銷銷售法、傳銷銷售法、視聽銷售法、媒體銷售法……，皆須善用各種銷售工具以使客戶能親眼看到、親耳聽到、親身感受以產生綜合之效果。

此外，業務人員對外之職稱名號也是一種銷售工具，可提升對外商談氣勢。另小禮物、贈品、照相留念、使用紅包袋、拿紙筆邊說、邊寫、邊畫、介紹主管出面、談及某權威人士之看法、經驗……皆可予以善用。

在言語表達之技巧也可視爲一種銷售用具方式。舉一則廣告：「本人已『減肥三〇公斤』，有肥胖時穿的舊衣出售，質料一流，八成新，廉價賤賣。」

由於強調有「減肥」之良好結果，來電者，大多是想打聽其用什麼方法減肥三〇公斤的。其主要商品也正是減肥商品。

另一廣告例子，億萬富翁徵婚啓事：「億萬富翁，三十歲，徵未婚淑女，先友後婚，應徵者須具備『XX』小說一書中女主角之氣質與個性，自認符合條件者，來函請寄，不合密退」。結果此書銷售一空，此書的作者即登此廣告者。此爲二則善用銷售工具方法的例子，凡是方法皆可千變萬化，以有助於銷售之達成。

其他也可視爲有效之銷售工具而須予以善用的有：

1.商品定位。

2.承諾對購買者最大的利益何在，此承諾並非聲明，亦非口號、標語，而是針對購買者所能提供的最大利益。

3.品牌印象，此一整體性的概念符號須能給人印象深刻、震撼，持續且有一致性的感受、印象、文案、口號、標語。

4.文案，可針對不同之目標對象爲訴求，較易使人認同。

5.標題，以其記憶回憶度而言，八～十個字較有效，長標題比短標題平均能銷售更多商品，而傳達得愈多，銷售得也越多。

6.市場區隔之心理化，如針對代表身分地位的位階，可訴求心理之狀態告知「不歡迎品味不高尚的人」。

7.有獨創的創意，當問題尚未被解決前都是有困難的，一旦被解決都是簡單的。

8.塑造不同的情境感受。

9.爭取注意力之活動。

10.運用名人、權威人士之方式。

11.視覺上之示範。

12.編排編輯之不同方式……。

假設語句策略

假設語句是一種情境塑造的方法。使客戶能較實際地感受到購買後此商品服務所能帶來的利益何在。其魔力句型舉例如下：

「假如您購買此商品，可以……，不是很好嗎？」

「要是……，您就會……，是嗎？」

「如果購買的話，想必是買給您的孩子的吧？」

「如果……，那麼您就會……，是嗎？」

「假如要買，您對那種款式最感興趣呢？」

使用假設語句的方式，沒有強迫顧客一定要買的壓迫感，因此不會在其內心建立防衛，抗拒的障礙，使其能輕鬆地回答問題，而促使能肯定您所提供的商品服務。

情境塑造策略

如何促使顧客對您所提供的商品服務，有興趣產生購買的慾求，在銷售過程中各種情境訴求的塑造是很重要的，使顧客在愉快的購買過程中其需求、情緒、好感、理性、感知、感受、信賴度皆能有好的正面有效的產生。

不同之情境帶給人有不同的心情、情緒、情感、感覺、認知，使用情境塑造的方式，可帶給顧客對其購買後理性、感性、美好的未來景象，可以改善他目前的現狀，可以使其想去擁有、渴望去獲得。可以使其信服您的話術內容，可以使其認爲若不在此時購買，將是件令其損失、沮喪的事。

名曲、美景、花朵、言語、美麗的圖片、圖形、環境、服飾……皆可塑造很好的情境，使人情緒舒暢。在銷售的過程中可儘量多使用正面、高尚、優美的情境塑造方式以使客戶眞心想擁有您所提供建議的商品服務。

房屋廣告中常有好的情境塑造範例：

無論從哪個角度望出去，皆能感受陽光、空氣四處流動的穿透感，站在窗前，彷彿攀登世界的屋脊，日夜晨昏景致，盡收眼底。穿過社區層層採光迴廊散步道，在花園、樹叢的團團簇擁下，走進占地千餘坪的生活休閒館，坐在寬敞會客休憩區的大沙發裡，經由櫃檯秘書的親切問候，您和家人緩緩步向樓下的中西餐廳享受晚宴，坐在池畔音樂酒吧，看孩子水中嬉戲，迴力球場上父子較勁，三溫暖裡徹底舒放身心，再到KTV歡唱高歌，這一切，若沒有本公司的經營管理，再多的休閒設施也永遠走不進您的生活。

數據邏輯策略

數字會說話，把數據的邏輯、代表的意義，完全呈現給客戶。

使用明確的數據，配合實例、範例，告之顧客依分析，多久即可回收成本，年獲利率爲多少……，使「數字」來說話；「依我們的專業行銷分析顯示，只要短短X年（月），即可回收成本；每年的盈餘將可高達XX元；年投資報酬率將高達XX%……。」

使用明確的數字，可使顧客瞭解，詳細的購買後之好處利益，到底何在。

不論在成本分擔上、利息分配上、年限之長短上、報酬之多寡上、各種價格比較上……，皆可運用數據邏輯法則，分出優劣點。並可將這些數據製成圖表，以更明確清楚的向客戶做有力的印象深刻的訴說！

業務推銷高手

著　　者☞ 鄒濤、鄒傑
出 版 者☞ 生智文化事業有限公司
發 行 人☞ 葉忠賢
責任編輯☞ 賴筱彌
執行編輯☞ 吳曉芳
登 記 證☞ 局版北市業字第 1117 號
地　　址☞ 台北市新生南路三段 88 號 5 樓之 6
電　　話☞ （02）23660309　（02）23660313
傳　　真☞ （02）23660310
郵撥帳號☞ 14534976
戶　　名☞ 揚智文化事業股份有限公司
法律顧問☞ 北辰著作權事務所　蕭雄淋律師
印　　刷☞ 偉勵彩色印刷股份有限公司
初版一刷☞ 2002 年 6 月
I S B N ☞957-818-386-0（平裝）
定　　價☞ 新台幣 300 元
網　　址☞ http://www.ycrc.com.tw
E-mail ☞ tn605541@ms6.tisnet.net.tw

本書如有缺頁、破損、裝訂錯誤，請寄回更換。

版權所有　翻印必究

國家圖書館出版品預行編目資料

業務推銷高手／鄒濤, 鄒傑著. --初版. --
臺北市：生智, 2002〔民 91〕
面；　公分

ISBN 957-818-386-0（平裝）

1. 銷售

496.5　　　　　　　　　　91004378

亞太研究系列		李英明、張亞中/主編	
D3001	當代中國文化轉型與認同	羅曉南/著	NT:250
D3003	兩岸主權論	張亞中/著	NT:200
D3004	新加坡的政治領袖與政治領導	郭俊麟/著	NT:320
D3005	冷戰後美國的東亞政策	周　煦/著	NT:350
D3006	美國的中國政策：圍堵、交往、戰略夥伴	張亞中、孫國祥/著	NT:380
D3007	中國：向鄧後時代轉折	李英明/著	NT:190
D3008	東南亞安全	陳欣之/著	NT:300
D3009	中國大陸與兩岸關係概論	張亞中、李英明/著	NT:350
D3010	冷戰後美國的全球戰略和世界地位	緝思等/著	NT:450
D3011	重構東亞危機－反思自由經濟主義	羅金義/主編	
D3012	兩岸統合論	張亞中/著	NT:360
D3013	經濟與社會：兩岸三地社會文化的分析	朱燕華、張維安/編著	NT:300
D3014	兩岸關係：陳水扁的大陸政策	邵宗海/著	NT:250
D3015	全球化時代下的台灣和兩岸關係	李英明/著	NT:200
D3101	絕不同歸於盡	鄭浪平、余保台/著	NT:250

MONEY TANK			
D4001	解構索羅斯－索羅斯的金融市場思維	王超群/著	NT:160
D4002	股市操盤聖經－盤中多空操作必勝秘訣	王義田/著	NT:250
D4003	懶人投資法	王義田/著	NT:230
XE010	台灣必勝	黃榮燦/著	NT:260

MBA 系列			
D5001	混沌管理	袁　闖/著	NT:260
D5002	PC 英雄傳	高于峰/著	NT:320
D5003	駛向未來—台汽的危機與變革	徐聯恩/等著	NT:280
D5004	中國管理思想	袁闖 /主編	NT:500
D5005	中國管理技巧	芮明杰、陳榮輝/主編	NT:450
D5006	複雜性優勢	楊哲萍/譯	
D5007	裁員風暴—企業與員工的保命聖經	丁志達/著	NT:280
D5008	投資中國—台灣商人大陸夢	劉文成/著	NT:200
D5009	兩岸經貿大未來—邁向區域整合之路	劉文成/著	NT:300
WISE 系列			
D5201	英倫書房	蔡明燁/著	NT:220
D5202	村上春樹的黃色辭典	蕭秋梅/譯	NT:200
D5203	水的記憶之旅	章蓓蕾/譯	NT:300
D5204	反思旅行	蔡文杰/著	NT:180
ENJOY 系列			
D6001	葡萄酒購買指南	周凡生/著	NT:300
D6002	再窮也要去旅行	黃惠鈴、陳介祜/著	NT:160
D6003	蔓延在小酒館裡的聲音—Live in Pub	李　茶/著	NT:160
D6004	喝一杯，幸福無限	曾麗錦/譯	NT:180
D6005	巴黎瘋瘋瘋	張寧靜/著	NT:280

LOT 系列

D6101	觀看星座的第一本書	王瑤英/譯	NT:260
D6102	上升星座的第一本書（附光碟）	黃家騁/著	NT:220
D6103	太陽星座的第一本書（附光碟）	黃家騁/著	NT:280
D6104	月亮星座的第一本書（附光碟）	黃家騁/著	NT:260
D6105	紅樓摘星─紅樓夢十二星座	風雨、琉璃/著	NT:250
D6106	金庸武俠星座	劉鐵虎、莉莉瑪蓮/著	NT:180
D6107	星座衣 Q	飛馬天嬌、李昀/著	NT:350
XA011	掌握生命的變數	李明進/著	NT:250

FAX 系列

D7001	情色地圖	張錦弘/著	NT:180
D7002	台灣學生在北大	蕭弘德/著	NT:250
D7003	台灣書店風情	韓維君等/著	NT:220
D7004	賭城萬花筒─從拉斯維加斯到大西洋城	張　邦/著	NT:230
D7005	西雅圖夏令營手記	張維安/著	NT:240
D7101	我的悲傷是你不懂的語言	沈　琬/著	NT:250
XA009	韓戰憶往	高文俊/著	NT:350

李憲章 TOURISM

D8001	情色之旅	李憲章/著	NT:180
D8002	旅遊塗鴉本	李憲章/著	NT:320
D8003	日本精緻之旅	李憲章/著	NT:320

元氣系列

D9101	如何征服泌尿疾病	洪峻澤/著	NT:260
D9102	大家一起來運動	易天華/著	NT:220
D9103	名畫與疾病一內科教授為你把脈	張天鈞/著	NT:320
D9104	打敗糖尿病	裴　駒/著	NT:280
D9105	健康飲食與癌症	吳映蓉/著	NT:220
D9106	健康檢查的第一本書	張王黎文/著	NT:200
D9107	簡簡單單做瑜伽一邱素貞瑜伽天地的美體養生法	陳玉芬/著	NT:180
D9108	打開壓力的拉環一上班族解除壓力妙方	林森、晴風/著	NT:200
D9109	體內環保一排毒聖經	王映月/譯	NT:300
D9110	肝功能異常時該怎麼辦？	譚健民/著	NT:220
D9111	神奇的諾麗一諾麗果健康法	張慧敏/著	NT:280
D9112	針灸實務寶典	黃明男/著	NT:550
D9113	全方位醫療法	王瑤英/譯	NT:250
D9114	一生的性計畫	張明玲/譯	NT:700
D9115	妳可以更健康一正確治療婦女疾病	李奇龍/著	NT:300
D9116	性的魅力	范琦芸/譯	NT:300
D9117	讓瑜伽當你健康的守護神	陳玉芬/著	NT:300
D9118	十全超科學氣功一祛病靈修實務	黃明男/著	NT:250
D9119	觀象察病一如何解讀疾病的訊號	姚香雄/著	NT:200
D9201	健康生食	洪建德/著	NT:180